高等院校美术·设计
专业系列教材

首饰手绘技法

HAND-PAINTED JEWELRY TECHNIQUES

线条幻化成惊艳　颜料凝结出奢华

帅　斌　林钰源　总主编

杨爱君　编著

SPM
南方传媒

岭南美术出版社

中国·广州

图书在版编目（CIP）数据

首饰手绘技法 / 帅斌，林钰源总主编；杨爱君编著.—
广州：岭南美术出版社，2023.2
大匠：高等院校美术·设计专业系列教材
ISBN 978-7-5362-7505-8

Ⅰ.①首… Ⅱ.①帅… ②林… ③杨… Ⅲ.①首饰—
设计—绘画技法—高等学校—教材 Ⅳ.①TS934.3

中国版本图书馆CIP数据核字(2022)第101214号

出 版 人：刘子如
策　　　划：刘向上　　李国正
责任编辑：王效云　　郭海燕
责任技编：谢　芸
责任校对：梁文欣
装帧设计：黄明珊　　罗　靖　　黄金梅
　　　　　朱林森　　黄乙航　　盖煜坤
　　　　　徐效羽　　郭恩琪　　石梓洳
　　　　　邹　晴
　　　　　友间文化

首饰手绘技法
SHOUSHI SHOU HUI JIFA

出版、总发行：岭南美术出版社（网址：www.lnysw.net）
　　　　　　　（广州市天河区海安路19号14楼 邮编：510627）
经　　销　全国新华书店
印　　刷　东莞市翔盈印务有限公司
版　　次　2023年2月第1版
印　　次　2023年2月第1次印刷
开　　本　889 mm×1194 mm　1/16
印　　张　6
字　　数　145.8千字
印　　数　1—2000册
ISBN 978-7-5362-7505-8

定　　价　42.00元

《大匠——高等院校美术·设计专业系列教材》

/编 委 会/

主　　编：帅　斌　林钰源

编　　委：何　锐　佟景贵　金　海　张　良　李树仁

　　　　　董大维　杨世儒　向　东　袁塔拉　曹宇培

　　　　　杨晓旗　程新浩　何新闻　曾智林　刘颖悟

　　　　　尚　华　李绪洪　卢小根　钟香炜　杨中华

　　　　　张湘晖　谢　礼　韩朝晖　邓中云　熊应军

　　　　　贺锋林　陈华钢　张南岭　卢　伟　张志祥

　　　　　谢恒星　陈卫平　尹康庄　杨乾明　范宝龙

　　　　　孙恩乐　金　穗　梁　善　华　年　钟国荣

　　　　　黄明珊　刘子如　刘向上　李国正　王效云

序一 『大匠』本位，设计初心

对于每一位从事设计艺术教育的人士而言，"大国工匠"这个词都不会陌生，这是设计工作者毕生的追求与向往，也是我们编写这套教材的初心与夙愿。

所谓"大匠"，必有"匠心"，但是在我们的追求中，"匠心"有两层内涵，其一是从设计艺术的专业角度看，要具备造物的精心、恒心，以及致力于在物质文化探索中推陈出新的决心。其二是从设计艺术教育的本位看，要秉承耐心、仁心，以及面对孜孜不倦的学子时那永不言弃的师心。唯有"匠心"所至，方能开出硕果。

作为一门交叉学科，设计艺术既有着自然科学的严谨规范，又有着人文社会科学的风雅内涵。然而，与其他学科相比，设计艺术最显著的特征是高度的实用性，这也赋予了设计艺术教育高度职业化的特点，小到平面海报、宣传册页，大到室内陈设与建筑构造，无不体现着设计师匠心独运的哲思与努力。而要将这些"造物"的知识和技能完整地传授给学生，就必须首先设计出一套可供反复验证并具有高度指导性的体系和标准，而系列化的教材显然是这套标准最凝练的载体。

对于设计艺术而言，系列教材的存在意义在于以一种标准化的方式将各个领域的设计知识进行系统性的归纳、整理与总结，并通过多门课程的有序组合，令其真正成为解决理论认知、指导技能实践、提高综合素养的有效手段。因此，表面上看，它以理论文本为载体，实际上却是以设计的实践和产出为目的，古人常言"见微知著"，设计知识和技能的传授同样如此。为了完成一套高水平的应用性教材的编撰工作，我们必须从每一门课程开始逐一梳理，具体问题具体分析，如此才能以点带面、汇聚成体。然而，与一般的通识性教材不同，设计类教材的编撰必须紧扣具体的设计目标，回归设计的本源，并就每一个知识点的应用性和逻辑性进行阐述。即使在讲述综合性的设计原理时，也应该以具体实践项目为案例，而这一点，也是我们在深圳职业技术学院近30年的设计教育实践中所奉行的一贯原则。

例如在阐述设计的透视问题时，不能只将视野停留在对透视原理的文字性解释上，而是要旁征博引，对透视产生的历史、来源和趋势进行较为全面的阐述，而后再辅以建筑、产品、平面设计领域中的具体问题来详加说明，这样学生就不会只在教材中学到单一枯燥的理论知识，而是能通过恰当的案例和具有拓展性的解释进一步认识到知识的应用场景。如果此时导入适宜的习题，将会令他们得到进一步的技能训练，并有可能启发他们举一反三，联想到自己在未来职业生涯中可能面对的种种专业问题。我们坚持这样的编写方式，是因为我们在学校的实际教学中正是以"项目化"为引领去开展每一个环节及任务点的具体设计的。无论是课程思政建设还是金课建设，均是如此。而这种教学方式的形成完全是基于对设计教育职业化及其科学发展规律的高度尊重。

提到发展规律问题，就不能绕过设计艺术学科的细分问题，随着今天设计艺术教育的日趋成熟，设计正表现出越来越细的专业分类，未来必定还会呈现出进一步的细分。因此，我希望我们这套教材的编写也能够遵循这种客观规律，紧跟行业动态发展趋势，并根据市场的人才需求开发出越来越多对应的新型课程，编写更多有效、完备、新颖的配套教材，以帮助学生们在日趋激烈的就业环境中展现自身的价值，帮助他们无缝对接各种类型的优质企业。

职业教育有着非常具体的人才培养定位，所有的课程、专业设置都应该与市场需求相衔接。这些年来，我们一直在围绕这个核心而努力。由于深圳职业技术学院位处深圳，而深圳作为设计之都，有着较为完备的设计产业及较为广泛的人才需求，因此我们学院始终坚持着将设计教育办到城市产业增长点上的宗旨，努力实现人才培养与城市发展的高度匹配。当然，做到这种程度非常不容易，无论是课程的开发，还是某门课程的教材编写，都不是一蹴而就的。但是我相信通过任课教师们的深耕细作，随着这套教材的不断更新、拓展及应用，我们一定会有所收获，为师者若要以"大匠"为目标，必然要经过长年累月的教学积累与潜心投入。

历史已经充分证明了设计教育对国家综合实力的促进作用，设计对今天的世界而言是一种不可替代的生产力。作为世界第一的制造业大国，我国的设计产业正在以前所未有的速度向前迈进，国家自主设计、研发的手机、汽车、高铁等早已声名在外，它们反映了我国在科技创新方面日益增强的国际竞争力，这些标志性设计不但为我国的经济建设做出了重要贡献，还不断地输出着中国文化、中国内涵，令全世界可以通过实实在在的物质载体认识中国、了解中国。但是，我们也应该看到，为了保持这种积极的创造活力，实现具有可持续性的设计产业发展，最终实现从"中国制造"向"中国智造"的转型升级，令"中国设计"屹立于世界设计之林，就必须依托于高水平设计人才源源不断的培养和输送，这样光荣且具有挑战性的使命，作为一线教师，我们义不容辞。

"大匠"是我们这套教材的立身本位，为人民服务是我们永不忘怀的设计初心。我们正是带着这种信念，投入每一册教材的精心编写之中。欢迎来自各个领域的设计专家、教育工作者批评指正，并由衷希望与大家共同成长，为中国设计教育的未来做出更多贡献！

帅　斌
深圳职业技术学院教授、艺术设计学院院长
2022年5月12日

序二 致敬工匠

能否"造物"，无疑是人与其他动物之间最大的区别。人能"造物"而没有别的动物能"造物"。目前我们看到的人类留下的所有文化遗产几乎都是人类的"造物"结果。"造物"从远古到现代都离不开"工匠"。"工匠"正是这些"造物"的主人。"造物"拉开了人与其他动物的距离。人在"造物"之时，需要思考"造物"所要满足的需求，和满足这些需求的具体可行性方案，这就是人类的设计活动。在"造物"的过程中，为了能够更好地体现工匠的"匠意"，往往要求工匠心中要有解决问题的巧思——"意匠"。这个过程需要精准找到解决问题的点子和具体可行的加工工艺方法，以及娴熟驾驭具体加工工艺的高超技艺，才能达成解决问题满足需求的目标。这个过程需要选择合适的材料，需要根据材料进行构思，需要根据构思进行必要的加工。古代工匠早就懂得因需选材，因材造意，因意施艺。优秀的工匠在解决问题的时候往往匠心独运，表现出高超技艺，从而获得人们的敬仰。

在这里，我们要向造物者——"工匠"致敬！

一、编写"大匠"系列教材的初衷

2017年11月，我来到广州商学院艺术设计学院。我发现当前很多应用型高等院校设计专业所用教材要么沿用原来高职高专的教材，要么直接把学术型本科教材拿来凑合着用。这与应用型高等院校对教材的要求不相适应。因此，我萌发了编写一套应用型高等院校设计专业教材的想法。很快，这个想法得到各个兄弟院校的积极响应，也得到岭南美术出版社的大力支持，从而拉开了编写《大匠——高等院校美术·设计专业系列教材》（以下简称"大匠"系列教材）的序幕。

对中国而言，发展职业教育是一项国策。随着改革开放进一步深化和中国制造业的迅猛发展，中国制造的产品已经遍布世界各国。同时，中国的高等教育发展迅猛，但中国的职业教育却相对滞后。近年来，我国才开始重视职业教育。2014年李克强总理提到，发展现代职业教育，是转方式、调结构的战略举措。由于中国职业教育发展不够充分，使中国制造、中国装备质量还存在许多缺陷，与发达国家的高中端产品相比，仍有不小差距。"中国制造"的差距主要是职业人才的差距。要解决这个问题，就必须发展中国的职业教育。

艺术设计专业本来就是应用型专业。应用型艺术设计专业无疑属于职业教育，是中国高等职业教育的重要组成部分。

艺术设计一旦与制造业紧密结合，就可以提升一个国家的软实力。"中国制造"要向"中国智造"转变，需要中国设计。让"美"融入产品，成为产品的附加值需要艺术设计。在未来的中国品牌之路上，需要大量优秀的中国艺术设计师的参与。为了满足人民群众对美好生活的向往，需要设计师的加盟。

设计可以提升我们国家的软实力，可以实现"美是一种生产力"，有助于满足人民群众对美好生活的向往。在中国的乡村振兴中，我们看到设计发挥了应有的作用。在中国的旧改工程中，我们同样看到设计发挥了化腐朽为神奇的效用。

没有好的中国设计，就不可能有好的中国品牌。好的国货、国潮都需要好的中国设计。中国设计和中国品牌都来自中国设计师之手。培养中国自己的优秀设计人才无疑是当务之急。中国现代高等教育艺术设计人才的培养，需要全社会的共同努力。这也正是我们编写这套"大匠"系列教材的初衷。

二、冠以"大匠"，致敬"工匠精神"

这是一套应用型的美术·设计专业系列教材，之所以给这套教材冠以"大匠"之名，是因为我们高等院校艺术设计专业就是培养应用型艺术设计人才的。用传统语言表达，就是培养"工匠"。但我们不能满足于培养一般的"工匠"，我们希望培养"能工巧匠"，更希望培养出"大匠"。甚至企盼培养出能影响一个时代和引领设计潮流的"百年巨匠"，这才是中国艺术设计教育的使命和担当。

"匠"字，许慎《说文解字》称："从匚，从斤。斤，所以做器也。"匚指筐，把斧头放在筐里，就是木匠。后陶工也称"匠"，直至百工皆以"匠"称。"匠"的身份，原指工人、工奴，甚至奴隶，后指有专门技术的人，再到后来指在某一方面造诣高深的专家。由于工匠一般都从实践中走来，身怀一技之长，能根据实际情况，巧妙地解决问题，而且一丝不苟，从而受到后人的推崇和敬仰。鲁班，就是这样的人。不难看出，传统意义上的"匠"，是具有解决问题的巧妙构思和精湛技艺的专门人才。

"工匠"，不仅仅是一个工种，或是一种身份，更是一种精神，也就是人们常说的"工匠精神"。"工匠精神"在我看来，就是面对具体问题能根据丰富的生活经验积累进行具体分析的实事求是的科学态度，是解决具体问题的巧妙构思所体现出来的智慧，是掌握一手高超技艺和对技艺的精益求精的自我要求。因此，不怕面对任何难题，不怕想破脑壳，不怕磨破手皮，一心追求做到极致，而且无怨无悔——工匠身上这种"工匠精神"，是工匠获得人们敬佩的原因之所在。

《韩非子》载："刻削之道，鼻莫如大，目莫如小，鼻大可小，小不可大也。目小可大，大不可小也。"借木雕匠人的木雕实践，喻做事要留有余地，透露出"工匠精神"中也隐含着智慧。

民谚"三个臭皮匠，赛过一个诸葛亮"，也在提醒着人们在解决问题的过程中集体智慧的重要性。不难看出，"工匠精神"也包含了解决问题的智慧。

无论是"垩鼻运斤"还是"游刃有余"，都是古人对能工巧匠随心所欲的精湛技术的惊叹和褒扬。

一个民族，不可以没有优秀的艺术设计者。

人在适应自然的过程中，为了使生活方式变得更加舒适、惬意，是需要设计的。今天，在我们的生活中，设计已无处不在。

未来中国设计的水平如何，关键取决于今天中国的设计教育，它决定了中国未来的设计人员队伍的整体素质和水平。这也是我们编写这套"大匠"系列教材的动力。

三、"大匠"系列教材的基本情况和特色

"大匠"系列教材，明确定位为"培养新时代应用型高等艺术设计专业人才"的教材。

教材编写既着眼于时代社会发展对设计的要求，紧跟当前人才市场对设计人才的需求，也根据生源情况量身定制。教材对课程的覆盖面广，拉开了与传统学术型本科教材的距离，在突出时代性的同时，注重应用性和实战性。力求做到深入浅出，简单易学。让学生可以边看边学，边学边用。尽量朝着看完就学会，学完就能用的方向努力。"大匠"系列教材，填补了目前应用型高等艺术设计专业教材的阙如。

教材根据目前各应用型高等院校设计专业人才培养计划的课程设置来编写，基本覆盖了艺术设计专业的所有课程，包括基础课、专业必修课、专业选修课、理论课、实践课、专业主干课、专题课等。

每本教材都力求篇幅短小精练，直接以案例教学来阐述设计规律。这样既可以讲清楚设计的规律，做到深入浅出，易学易懂，也方便学生举一反三。大大压缩了教材篇幅的同时，也突出了教材的实战性。

另外，教材具有鲜明的时代性。重视课程思政，把为国育才、为党育人、立德树人放在首位，明确提出培养为人民的美好生活而设计的新时代设计人才的目标。

设计当随时代。新时代、新设计呼唤推出新教材。"大匠"系列教材正是追求适应新时代要求而编写的。重视学生现代设计素质的提升，重视处理素质培养和设计专业技能的关系，重视培养学生协同工作和人际沟通能力。致力培养学生具备东方审美眼光和国际化设计视野，培养学生对未来新生活形态有一定的预见能力。同时，使学生能快速掌握和运用更新换代的数字化工具。

因此，在教材中力求处理好学术性与实用性的关系，处理好传承优秀设计传统和时代发展需要的创新关系。既关注时代设计前沿活动，又涉猎传统设计经典案例。

在主编选择方面，我们发挥各参编院校优势和特色，发挥各自所长，力求每位主编都是所负责方面的专家。同时，该套教材首次引入企业人员参与编写。

四、鸣谢

感谢岭南美术出版社领导们对这套教材的大力支持！感谢各个参加编写教材的兄弟院校！感谢各位编委和主编！感谢对教材进行逐字逐句细心审阅的编辑们！感谢黄明珊老师设计团队为教材的形象，包括封面和版式进行了精心设计！正是你们的参与和支持，才使得这套教材能以现在的面貌出现在大家面前。谢谢！

林钰源

华南师范大学美术学院首任院长、教授、博士生导师

2022年2月20日

前言

本人从事高校首饰设计专业教学二十年，又身处珠宝首饰行业的设计加工集散中心——深圳；常与企业合作沟通，对这个行业颇有心得；正值国家经济转型，深圳"腾笼换鸟"，珠宝行业大洗牌，教育部要求编写具有实际操作能力的特色教材，所以，编写教材一部以辅助教学。

首饰手绘技法是高校首饰设计专业的一门基础必修课，对应珠宝首饰企业首饰设计师岗位，是大一学生从美术基础过渡到专业学习的第一门课，是专业认识的开门课程，是培养学生专业技能的重要组成部分。本教材主旨是训练学生手绘珠宝首饰的能力，通过循序渐进的情景项目训练，使学生逐步达到企业首饰设计师助理、设计师、高级设计师的手绘图纸水平，为后续的首饰设计课程教学和参加各项首饰设计大赛奠定绘制标准制图及色彩表现图的基础。

本教材加强对中华优秀传统文化的挖掘和开发，对传统美学形式加以改造，结合现代首饰加工工艺，赋予其新的内涵和表达方式，增强其影响力和感召力，培养"工匠精神"，让当代首饰设计与中华民族最基本的文化基因相适应，与现代社会相协调。

本书配以二维码，链接线上视频资源；每一种宝石的画法都有对应的视频示范，方便读者直观学习。读者通过手机扫码即可观看相对应内容的视频，实现从静态教材到"图像能动起来"的跨越，便于学生线下深入学习，增加阅读的便利性和可持续性。

因本人学浅才疏，编写仓促，有疏漏之处望各位专家读者不吝斧正！

2022年4月

目　录

1

第一章

绪 论

章节前导
Chapter preamble

　　本章首先概述首饰的起源及基本概念，然后讲述首饰当下的行业业态及首饰设计高校教育的大致现状；通过对首饰设计师市场份额占比的了解，结合网络时代、大数据及三维打印等高科技的介入前景，推断出首饰设计师的发展方向及职业远景，从而使学生建立从事本行业的信心，为学生进入项目学习铺平道路。

　　装饰之始，首饰为先。原始祖先在满足基本的生存和生产条件下，首先就是把各种现成或加工过的骨头、牙齿、贝壳、羽毛、木头、石头等材料佩戴在自己的身体上，这就是最早的首饰。首饰的起源众说纷纭，如图腾说、工具说、防御说、审美说……都是假说，无法考证。

　　而当人类步入文明社会，随着生产力的提高、经济的发展、商业文明的进步，首饰就保留了一种基本的功能——装饰。

　　由此，可以得出首饰的定义：佩戴在身体上，用来装饰的各种材料造型，皆可称之为首饰。

　　当然，上述定义太宽泛，并不严谨，但就是这种宽泛，才给了首饰设计最大的发挥空间。

　　首饰设计是一门古老的专业，一直属于工艺美术范畴，是实用性和艺术性相结合的一种艺术形式。设计意指计划、构思、设立方案，也含有意象、作图、造型之意，首饰设计是用各种材料以佩戴的方式装饰身体的创作行为。它既是一门艺术设计学和矿物学（宝玉石鉴定）融合的交叉学科，也是一门涉及领域极广的边缘学科，和文学、历史、哲学、宗教、美学、心理学、生理学以及人体工学等社会科学和自然科学密切相关；还有其自身特点，比如贵金属加工工艺及宝石镶嵌工艺等特性。

　　首饰在古代，无论是西方还是东方，是并行发展的，相互影响，各有高峰；近代以来，旧中国贫穷落后，首饰行业的发展基本停滞，只是在老的工艺美术厂保留了少数传统首饰工艺的技术。中华人民共和国成立以来，百废待兴，很多仁人志士从四面八方回来建设新中国，这其中就有在香港开办首饰工厂的郑可先生；20世纪50年代，郑可先生在中央工艺美术学院成立的特种工艺系是新中国最早的涉及首饰设计专业的高校教学部门。

　　改革开放以来，随着中国经济的增长和人民生活水平的提高，珠宝首饰的消费需求也逐步扩张（图1-1），但珠宝首饰的款式很少，人们对首饰的消费主要体现在贵金属材料和宝石的价值上；因首饰制作流程的复杂性，首饰的款式设计基本依赖大中型首饰企业的设计开发部门，人才的缺失已经无法满足首饰消费市场的需求。（图1-2）因此，首饰设计专业从20世纪90年代以来如雨后春笋般在全国很多高校成立起来。这些首饰设计专业基本分为两类，一类是由早期艺术类中等专业学校升级的高等职业专科院

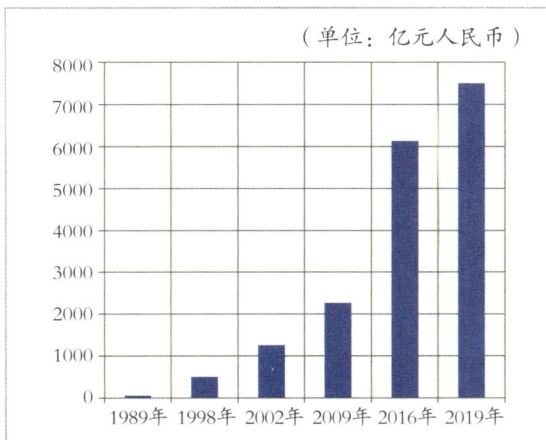

图1-1　近40年来珠宝首饰消费额度增长示意图

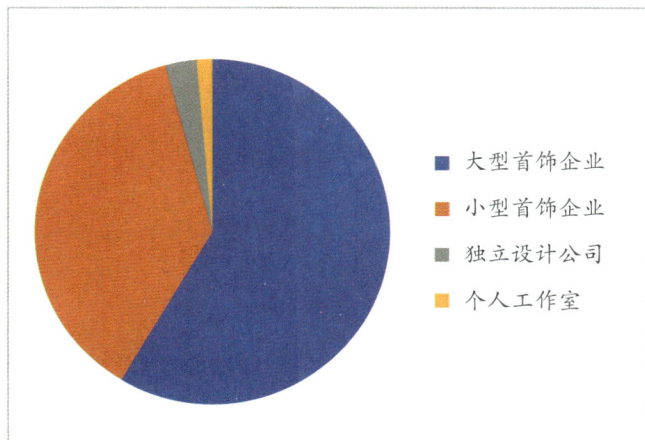

图1-2　21世纪初首饰设计市场占有率示意图

校，这部分专科院校的教学特色是基于中国传统首饰工艺而进行课程教学；另一类是相关的艺术类本科院校，这部分本科院校是直接引进留学欧美的高学历人才而讲授的研究性质的艺术首饰创作课程。这两类高校为首饰行业输送了大量的设计人才。

进入21世纪，随着网络科技的发展，现代加工中心的建立及三维建模软件和三维打印模型的普及应用，首饰设计行业日新月异，各类珠宝首饰交易会和设计大赛层出不穷，大量优秀的工作室和独立设计师脱颖而出，行业迎来了空前的发展规模；（图1-3）并且，随着高新科技的发展及金属打印的普及，这种工作室和独立设计师占有的市场份额会逐步扩展，成为主流。（图1-4）这些设计师的手绘设计精彩绝伦，风格各异，但没有一个统一的制图规范。

现代首饰设计的制图规范最早是从香港首饰企业引进内地的，香港作为国际化城市，首饰企业的设计规范是在欧美及日本的设计规范上结合中国人的人体工学进行制定的，但由于各个企业生产特点不同，局部细节总有些差异。

为了方便教学，深圳职业技术学院教师联合深圳相关企业把香港和深圳首饰企业的制图规范进行合并整理并简化，如戒圈尺码和三视图是直接沿用香港标准，而宝石的名称和特性则是按照使用量的大小进行筛选，把常用的名称作为标准。

首饰的传统加工制作流程一直制约着首饰设计的发展。以最简单的黄金镶钻戒指为例，首先绘制好标准的首饰设计图纸，然后经过工艺师的确认可以进行生产，接着起版师按照图纸尺寸进行手工制作蜡版，然后植模到蜡树再由模具师进行翻制模具，真空吸蜡去除内模，再熔金铸造，金坯出炉要经过修整打磨，再由镶嵌师把钻石镶嵌上去，最后打磨抛光清洗，才能完成。整个流程分九个步骤，不能出一点差错，否则就无法补救，得重新来过。这样的流水线操作，必须是有实力的厂家才能完成，周期漫长，而且整个流程设计师无法把控。现代科技的发展解决了以上问题，设计师手绘概念图，三维软件建模，直接三维打印蜡版，然后真空铸造，再镶嵌宝石，打磨抛光完成，共六个步骤。未来，如果金属打印能够普及，那流程就变为设计图纸、三维建模、金属打印、镶嵌宝石四个流程。这样一来，结合线上销售模式，首饰行业的变革会翻天覆地。设计师也会从烦琐工艺的束缚中解放出来，注重艺术设计的创意设计。

综上所述，首饰的手绘训练就是重中之重，因为手绘是基础，手绘的情感个性化表达，电脑无法替代。手绘水平的高低直接决定设计师的未来。（图1-5）

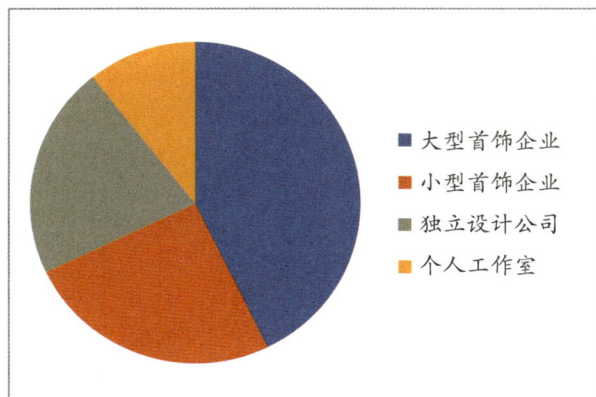

图1-3 近10年首饰设计市场占有率示意图

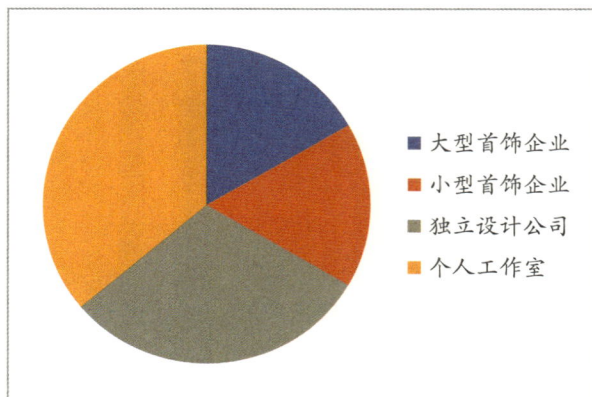

图1-4 未来首饰设计市场占有率预期示意图

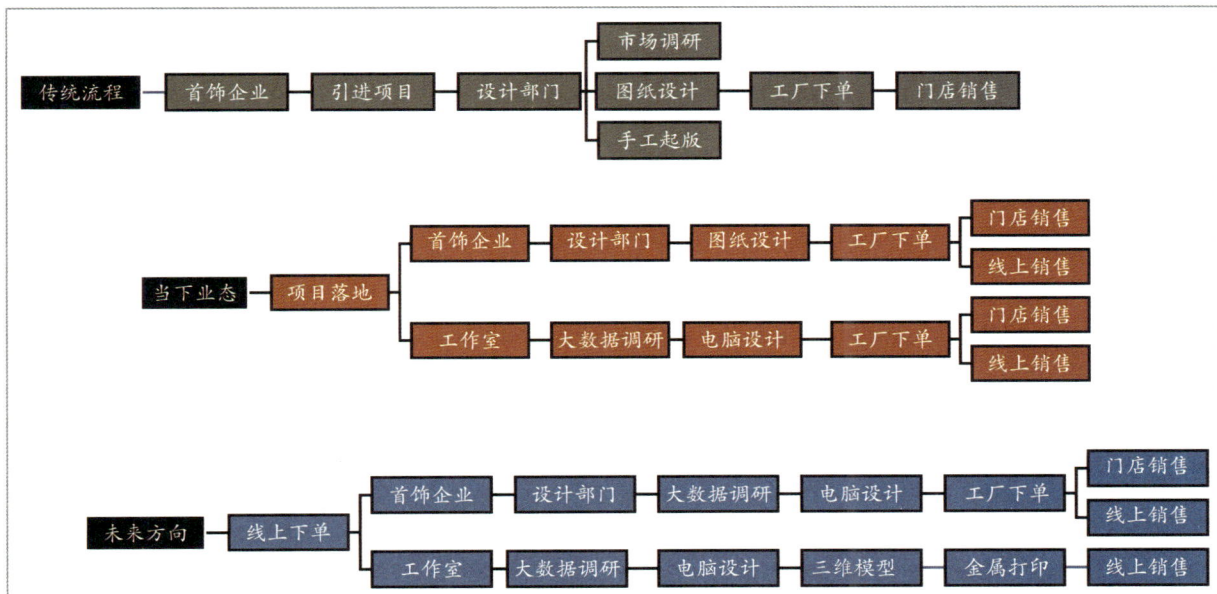

图1-5 首饰设计流程的行业变迁与未来前景预期示意图

本书正是讲解手绘的专业教材，基于首饰设计知识点的碎片化特征，模块化教学法无法完全适用本课程。本课程通过模块的集中分类整合成几个大的"工具箱"，按实际授课随时调取，创新使用"工具箱"式教学法。把学生代入角色，通过情景的进展，角色不断成长，从学生成为设计师助理，再进步为设计师，最终可以独立经营自己的首饰设计工作室。

通过情境代入，设计以下三个项目：

项目一：商业性婚戒项目（对应首饰设计师助理）。首先讲解首饰设计的流程，然后以项目进程为主线，逐步导入刻面宝石线稿绘制、珠宝镶嵌种类绘制、标准三视图绘制等知识点，解决线稿绘制的知识点，循序渐进地使学生掌握首饰标准制图的绘制方法。

项目二：公司定制纪念性领花的项目（对应首饰设计师）。通过项目流程，使学生掌握宝石和贵金属材质的彩色表现技法，培养学生完成彩色效果图的绘制能力。

项目三：私人定制胸针的项目（对应高级首饰设计师）。通过项目流程，使学生掌握首饰设计整体过程（项目分析—制定项目实施流程—撰写设计说明书—完成项目）思路与方法，培养学生独立开设工作室的能力。

国家强盛，是各行各业发展的坚强后盾。最大的消费市场在中国，最多的生产企业在中国。那么，将来最大的创新设计等相关服务也一定在中国，首饰设计行业也是如此。所以，我们要对首饰设计专业有信心，这个行业，做好了，未来前途不可限量。社会在发展，科技也在加速地发展，新的科技在首饰行业的应用会成为主流。大数据应用、高新科技（三维打印）的普及、万物物联的形成，对设计行业的变革是颠覆性的。我们要以传统企业的优秀经验为基础，以超越他们的现有发展模式为目标进行学习，包括设计理念、经营理念和发展理念。设计的未来方向，是个性化、精确化、直接化。而设计师的未来发展方向是自由化、独立化、精英化。所以，我们要夯实知识架构，扩展知识层面，为将来成为优秀的首饰设计师奠定基础。

2

第二章

实训项目

章节前导
Chapter preamble

　　为响应国家培养"大国工匠"的战略方针，提高学生学习兴趣，加深学习记忆，提高学习效率，本章节使用情境教学法把课程知识点用三个虚拟项目串联起来。项目中的地点名称都是来源于作者身处的城市——深圳，以加强真实感。这三个项目是递进关系，把学生代入角色，通过情境的发展，角色不断成长，从学生成为助理设计师，再进步为设计师，最终独立经营自己的首饰设计工作室。并且在项目中引入中国传统文化，提倡工匠精神，加强学生的思想政治教育，激发学生的民族自豪感，有助于学生未来走向设计师之路建立躬身入局的积极心态。

第一节　项目一

项目说明：采用最简单的戒指设计项目进行入门教学，通过情境项目训练，逐步引入首饰结构的分类、戒圈的画法、常用的宝石知识和宝石刻面的画法及宝石镶嵌知识，使学生最终掌握首饰三视图的标准制图能力，达到珠宝首饰企业的助理设计师岗位的手绘水平。

项目情境：我们的朋友，在罗湖一家会计师事务所上班的小白要结婚了，准备举办中式婚礼，要坐花车、拜天地、办酒席，宾朋满座。这么隆重的日子，得戴婚戒。他专程来找我们，要求帮忙设计一对独特的婚戒，愿意投入8万元左右……

客户信息：白先生，男，32岁，学历本科，注册会计师

最终使用人：白先生夫妇

项目名称：婚戒设计

项目数量：一对婚戒（男女戒指各一枚）

应用场合：婚礼

项目分析：客户是注册会计师，典型的中产阶级，首饰的造价成本要控制在中等偏上。中式婚礼佩戴的戒指要有中国风特点，而且要寓意吉祥，款式要不落俗套。

案例示范

小白要的是婚戒，结婚是人生大事，这个婚戒金属圈得用贵金属；而黄金太常见，为免俗最好选用偏红色的玫瑰金，显得喜庆。金属圈上还得有点好看又珍贵的东西，最好搭配上比黄金还贵重的宝石，大喜日子得用红色，那就选红宝石，1克拉左右，品质中上。只有红宝石还是显得单调，不够显眼，可以选用刻面的红宝石，再配上一些闪烁的小钻石作为点缀。大的红宝石叫主石，这些小钻石就叫副石。

刻面宝石为了折射光线而显得璀璨，底面都是尖底，尖底该如何放到戒圈上呢？就得有个东西托住它，托住宝石的这个东西就叫戒托；那宝石放到戒托上怎么固定呢？固定所需部件用专业术语表达称为镶嵌。（图2-1）

戒指的专业术语：戒圈、戒托、宝石、镶嵌。

图2-1　戒指各部分名称示意图

下面我们准备开始画这个戒指的款式。

首先我们得学会画戒圈。现在打开本书第三章第一节《制图工具箱》"第三模块：戒圈的画法"进行学习。

戒圈有严格的行业标准，我们此处不赘述，现在打开制图工具箱，直接找到"中国戒圈号码标准图"查到你需要的尺寸，拿来用就行。

小白的手指对应的戒指圈号是22号，他妻子的是10号，那对应的戒指内圈直径就是20.2mm和16.1mm。

确定了戒圈尺码，下面我们解决宝石问题。我们选用的是红宝石和钻石，打开第三章第二节《宝石工具箱》的《第一模块：认识常用宝石》里找到这两种宝石就可以学习。

我们选用的红宝石和钻石是有刻面的，宝石刻面有专业画法，第三章第二节《宝石工具箱》的《第二模块：常用宝石切工的画法》，我们找到当下要用的宝石刻面画法和钻石刻面画法临摹一遍，基本就解决问题了。

接下来，我们要把宝石放到戒圈上，就得学镶嵌知识。打开第三章第二节《宝石工具箱》，学习《第三模块：宝石镶嵌的知识》。这里主要用到爪镶和包镶，红宝石用爪镶，小钻石用包镶。

宝石和戒圈之间需要有个结构用来支撑，这个部件叫作戒托。（图2-2）

图2-2　戒托的各种不同设计示意图

一个商业款的戒指，戒圈、宝石和镶嵌都是按照标准来设计生产的（艺术首饰不同，可以随意发挥，那是为了研究及展示用的），只有戒托可以用来发挥创意。所以，以戒托为主要设计对象的整体设计，就是造型设计。

小白委托的项目是以中式婚礼为背景，那就得在中华传统文化的背景下进行设计。

中华文化博大精深，中国古代一直领先世界，不止千年。近代以来，因各种原因，我们国家工业化步伐慢了，被西方国家领先，这种领先是全方位式的，发达就拥有话语权，包括文化、艺术、设计领域。

然而，随着中华人民共和国成立，在党的领导下，我们国家艰难地完成了工业化；并且，经过几个发展阶段，通过几代人的奋发图强，我们的国家飞速发展，工业化水平已经位居世界前列；中国的复兴之路是全方位的，包括艺术、设计领域。

综上所述，我们要把老祖宗遗留的最好的、高级的美学发掘出来，用于设计，这是我们这代人的使命！

各民族的传统文化没有优劣高下之分，都是世界文化的优秀组成部分；在经济全球化、文化大交融的时代，只有立足自身，继承传统并发扬光大，才能彰显传统文化的独特魅力，从而引起世界关注，走向世界。

传统文化是文明演化而汇集成的一种反映民族特质和风貌的文化，是各民族历史上各种思想文化、观念形态的总体表现。其内容当为历代存在过的种种物质的、制度的和精神的文化实体和文化意识。它是对应于当代文化和外来文化的一种统称。

我认为各国各民族文化深处的东西是无法完全沟通的，只有生于斯、长于斯的人才能真正体会其中奥妙。这种特性也是各民族文化的最可贵之处。我们中华文化千年不断，源远流长，也只有中国人才能弄明白。

就拿《红楼梦》这本书的书名举例：红，在中华传统文化中象征富贵荣华，还隐喻些微的脂粉气；楼，高高在上却架空的感觉，楼上与楼下众生视角不同的互望；梦，那种身在局中的热闹喧嚣衬托出梦醒后的恍惚与虚幻感……区区三字，种种解读，怎能翻译？

就像周星驰的电影，有很多对白及细节，只有说粤语的广东人才能明白其中隐藏的意思，才能会心一笑。

推荐书目：

李泽厚著的《华夏美学》《美的历程》《美学四讲》

中华文化中有很多智慧而美好的东西。比如，吉祥文化。

在中国，吉祥符号、吉祥图案似乎很不起眼，但却无处不在，无人不用。似乎没有人说得清，中国的吉祥文化产生于何时，源自哪里。唯一可以肯定的是，当人有了追求幸福、美好、平安的愿望时，它们便被创造出来。而且是通过各种手段和形式，遍及生活的各个方面，体现在艺术造型中就是"为图必有意，有意必吉祥"。因此，了解吉祥文化，是我们学习首饰设计的重要一步。

这里列举几个例子——数字中的吉祥文化，让大家对这个文化有个初步了解。

因明清时期规制，一品文官官服上的补子绣的是仙鹤，叫作"一品当朝"，所以用这幅图寓意升职、发达。（图2-3）

《埤雅》中有"龙珠在颔"的说法，龙珠被认为是一种宝珠，可避水火。有二龙戏珠，也有群龙戏珠，还有云龙捧寿，都是表示吉祥安泰和祝颂平安与长寿之意。（图2-4）

图2-3　"一品当朝"纹样

图2-4　"二龙戏珠"中两条云龙、一颗火珠

明张居正《张文忠公全集·贺元旦表二》："兹者，当三阳开泰之候，正方物出震之时。"吉祥图案以羊寓阳，三羊为"三阳"，与日纹和风景等组成纹样。常见于民间建筑、器物装饰与木版年画等。（图2-5）

……

相关的吉祥图案的书籍数不胜数，这里就不专门推荐，可以多找一些了解一下，对大家的设计很有帮助。

要想设计的首饰被大众认可，有个好的寓意是第一步。

我们想想这个婚戒设计能引入什么吉祥寓意。

婚戒必须表现爱情，中国有句形容爱情的古话：在天愿做比翼鸟，在地愿为连理枝。按照这个思路想一下，可以合并在一起得出造型。

有种叫并蒂莲的花很合适：并蒂莲有"花中君子"之称，是荷花中的极品，象征着百年好合、永结同心。

那就用并蒂莲做形象来源。

设计不能完全照抄自然形态，得提炼加工成艺术造型，我们得从文化角度出发。

中国强盛的时代首推汉唐，我们去查找这个时期的莲花造型资料。

古代文物保留下来的铜镜和雕塑基座，据美术史学家考证，这个上面的造型是宝相花，是莲花的变形，象征圆满吉祥。（图2-6至图2-9）

优秀文化需要继承和发展！

莲花造型仿造唐代雕塑基座，显得饱满。

图2-5
三阳（羊）开泰

图2-6
并蒂莲

图2-7
北周石雕如来立像

图2-5

图2-6

图2-7

图2-8　鎏金佛像莲花底座

图2-9　唐代铜镜的宝相花造型

纹样造型仿铜镜装饰，富贵优雅，并且沿用了六片花瓣，为六六大顺之意。（图2-10至图2-13）

既然是并蒂莲，我们让两个戒指可以合在一起佩戴，那不是更有趣？

第一步，把男戒的尺寸做得稍微宽一点。

第二步，把女戒的外圈做成男戒内圈的尺寸，再稍微打磨一下，就能套进去。

第三步，在男戒的侧边开个槽，尺寸和女戒戒托一样，打磨一下，就刚刚好能够将女戒镶进去，使两个戒指成为一体了。

这个合并在一起的设计叫结构设计，首饰设计中很多地方要结构创新，才有发展。

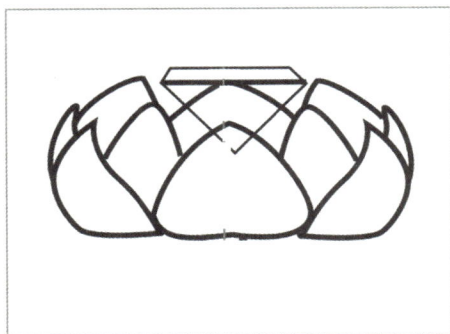

图2-10　戒面花样侧面图

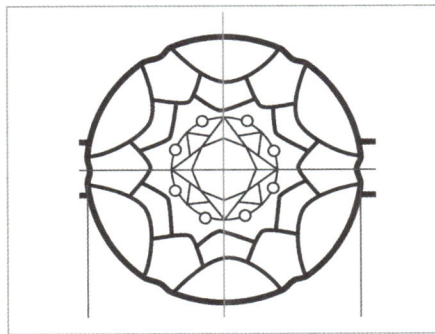

图2-11　戒面花样正面图

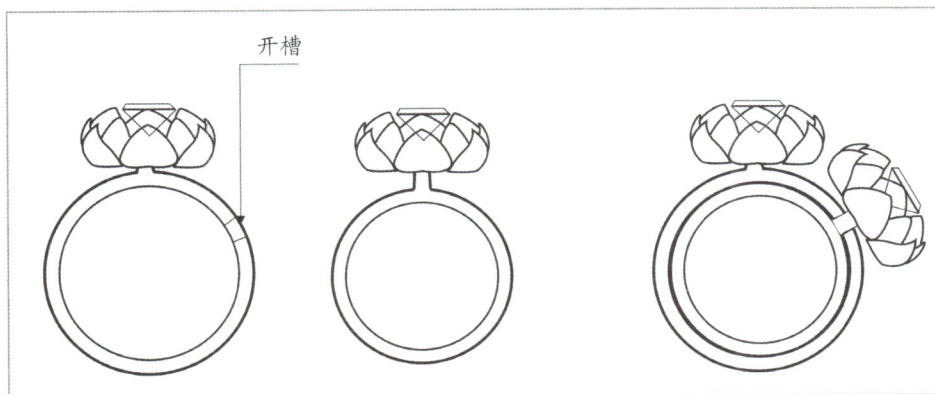

开槽

图2-12　戒指合并结构示意图

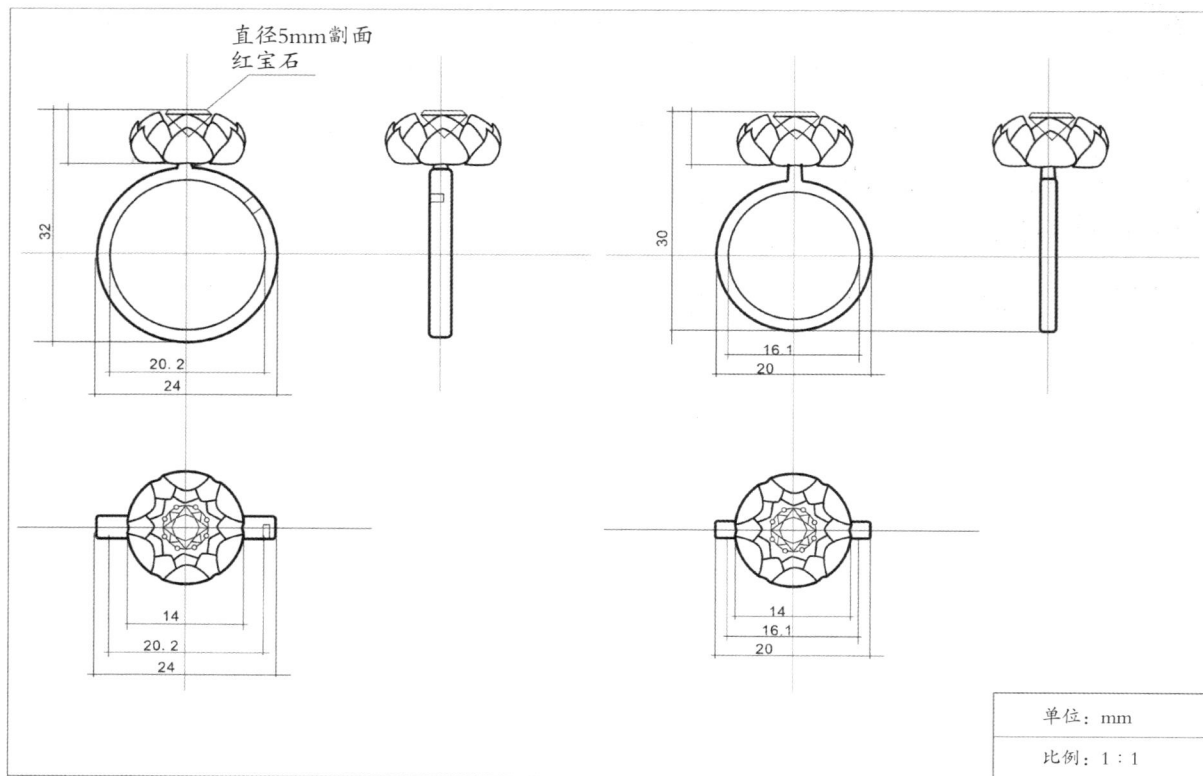

直径5mm割面
红宝石

32
20.2
24

30
16.1
20

14
20.2
24

14
16.1
20

单位：mm

比例：1：1

图2-13 并蒂莲戒指三视图

整个戒指示意图画出来了，这个只能算意向图，还不能用于企业生产，因为不够标准，我们还得画标准制图；接下来打开第三章第一节《制图工具箱》中的《第四模块：首饰三视图画法》，学一下标准制图——首饰三视图的画法。

三视图画好，就可以交给首饰加工厂做了，如果想提前看到戒指的样子，就得学会画效果图！

效果图我们会在下一个项目学到。

工厂制作需要一个周期，下面讲一些设计方面的知识。

什么是好的设计？

好的设计就是刚刚好。就是从造型、色彩、功能、制造成本、市场接受度来讲，结合得刚刚好。就是能让人们觉得：这就对了，就应该这样。

这有个科学与艺术的体系比较，从科学的体系而言，基层是基础科学，比如数学、物理、化学、生物学等；基础科学以上的是工学、医学这样的应用科学；应用科学要应用到实际中去，那得搭建模型，用物理手段实现，这种物理手段就是技术，各种技术集成就是产品。

艺术的体系也是如此，基层是纯艺术，比如绘画、雕塑、音乐等，在纯艺术基础上的是应用艺术，我们叫艺术设计；艺术设计要应用到实际中去，那就得有设计图纸或模型，用物理手段实现，这种物理手段就是绘图技法和工艺技术，各种技术的集成也是产品，不过是有艺术性的产品。

一名意大利的高校教师，从没离开过一个叫作博洛尼亚的小城，闲暇时光，终日对着一堆瓶瓶罐罐，创作出一批单纯、简洁、宁静的高级灰色油画。

这批画因为建立了一种新的色彩风格，而被世界各大美术馆争相收藏，他本人也被载入世界美术史。（图2-14）

一百年后的当下，其他设计师用他的色彩体系设计出各种产品，引起新风尚。因为他的名字叫乔治·莫兰迪，所以这套色彩体系被命名为"莫兰迪色系"。（图2-15）

讲这个案例，是想告诉大家：纯艺术是设计的基础来源。我们要加强艺术修养，从艺术品中吸取营养，才能进行创新设计。（图2-16）

但这并不意味着我们要花费大部分的时间和精力来研究探索艺术，我们要学的是技术。我们是设计师，当下的任务是把现成的知识运用到首饰设计中去。

首饰设计是一门窄口径交叉学科，美术、鉴定、工艺都要懂一些，但都不需要深入研究。这种学科知识呈多元化、碎片化，只要理顺了结构，各个突破，其实简单得很。

很多天过去了，工厂送来了成品（图2-17）。是不是很漂亮？

通过给小白设计婚戒，我们学了戒圈的画法、刻面宝石的画法、镶嵌的

图2-14
莫兰迪油画作品

图2-15
莫兰迪色系

图2-16
应用示意图

图2-17　并蒂莲结婚对戒成品展示图

画法，还有三视图的画法，这已经达到珠宝首饰企业的助理设计师岗位的手绘水平了。

为什么不是设计师，而只是助理设计师？因为还没有学效果图的画法，而且这花朵的造型虽然漂亮，但还是太简单，还要学习造型设计方面的知识。

戒指是较常用的首饰之一，其销量占首饰市场的很大份额。戒指的设计注重情感的表达，所以引入文化寓意，准确地表达设计需求是要加强练习的重点。

课后延伸项目

1. 情人节戒指设计。

设计要求：数量一对，男女不同款，造型要有联系，有新意，可以自选宝石镶嵌。

图纸要求：出具标准三视图并标注尺寸。

2. 校友会戒指设计。

设计要求：要求男女同款，能表达学校特点，素金表现。

图纸要求：出具标准三视图并标注尺寸。

第二节 项目二

项目说明：采用商业专题项目进行入门教学，通过情境项目训练，逐步引入宝石的色彩表现技法和贵金属的色彩表现技法，使学生掌握首饰彩色效果图的画法，达到珠宝首饰企业的设计师岗位的手绘水平。

项目情境：福田一家互联网金融公司准备开年会，公司计划给每个员工定制一个生肖纪念首饰。领导要求，首饰要有特点，要显得高端，一看就是公司特有的，男女员工要有所区别，并且平时可以佩戴，单个成本控制在6000元以内，年会上员工每人发一个，既激励员工，还能体现公司文化。现委托我们进行设计，公司领导层需要设计方出效果图，便于开会直观讨论方案。

客户信息：互联网金融公司

最终使用人：公司员工

项目名称：生肖纪念首饰

项目数量：300个

应用场合：写字楼等商业场合

项目分析：这家金融公司员工平均年龄27岁，平均学历是硕士，平时工作穿西服正装为多，首饰最好能和西服搭配，所以造型就得简约现代；首饰的造价成本要控制，设计还要有新意，那就需要另辟蹊径。

案例示范

客户要求用料不要太贵重，要控制成本，我们核计一下：互联网金融公司，员工以刚毕业的大学生为主，那设计必须造型简约、色彩时尚。搭配正装的首饰很难做，戒指不够显眼，吊坠不适合佩戴，耳饰无法做到男女通用，手表这预算很难做得高端……

我们就从服装配饰上想办法，平时员工穿着正装都要打领带或者领结，休闲风格也可以打领巾，那我们可以设计一款通用的领花结构。

领花，就是戴在领口上用来装饰的饰物。领花可不一定非得是花的造型，只要漂亮就好。

就用925银来做，男款电镀白金，女款电镀黄金。要能镶嵌个便宜点的宝石，那就更出彩了。

我读书时，听柳冠中老师的讲座，他让学生画一个独特的水杯，结果学生画了各种各样的水杯，造型却没有突破。

然后他换种说法，让学生画一个可以盛水，可以手持，并且可以放置在桌面的开口型容器。这时大家恍然大悟，所画造型也不会拘泥于现有的水杯造型了。

这，就是一种设计理念——开放性设计思维。

很多画家都说过：功夫在画外。学好首饰设计也是如此，我们必须要从其他大的设计理论中吸取养分，上层理论的构建，需要融会贯通，从而一通百通。课外阅读，不是为了成为通才，而是为了提高自己的修养，扩大自己的知识架构，并启发灵感。

推荐书目：

计成著的《园冶》

胡绍学著的《走向新思维》

【日】安藤忠雄著的《安藤忠雄论建筑》

客户要生肖纪念首饰，2022年是虎年，我们得用虎的造型来设计出一款老虎领花。

十二生肖，又叫属相，是中国与十二地支相配的十二种动物，是十二地支的形象化代表，即子（鼠）、丑（牛）、寅（虎）、卯（兔）、辰（龙）、巳（蛇）、午（马）、未（羊）、申（猴）、酉（鸡）、戌（狗）、亥（猪）。既然是十二地支，那就要有相对应的十天干，一起叫天干地支，简称为"干支"。这些都是源自中国远古时代对天象的观测。

简化后的天干地支：甲、乙、丙、丁、戊、己、庚、辛、壬、癸称为"十天干"，子、丑、寅、卯、辰、巳、午、未、申、酉、戌、亥称为"十二地支"。

十天干和十二地支依次相配，组成六十个基本单位，两者按固定的顺序相互配合，组成了干支纪元法。天干地支的发明影响深远，我国至今依旧在使用天干地支，用于历法、术数、计算、命名等各方面。（图2-18）

甲子	乙丑	丙寅	丁卯	戊辰	己巳	庚午	辛未	壬申	癸酉
1804	1805	1806	1807	1808	1809	1810	1811	1812	1813
1864	1865	1866	1867	1868	1869	1870	1871	1872	1873
1924	1925	1926	1927	1928	1929	1930	1931	1932	1933
1984	1985	1986	1987	1988	1989	1990	1991	1992	1993
甲戌	乙亥	丙子	丁丑	戊寅	己卯	庚辰	辛巳	壬午	癸未
1814	1815	1816	1817	1818	1819	1820	1821	1822	1823
1874	1875	1876	1877	1878	1879	1880	1881	1882	1883
1934	1935	1936	1937	1938	1939	1940	1941	1942	1943
1994	1995	1996	1997	1998	1999	2000	2001	2002	2003
甲申	乙酉	丙戌	丁亥	戊子	己丑	庚寅	辛卯	壬辰	癸巳
1824	1825	1826	1827	1828	1829	1830	1831	1832	1833
1884	1885	1886	1887	1888	1889	1890	1891	1892	1893
1944	1945	1946	1947	1948	1949	1950	1951	1952	1953
2004	2005	2006	2007	2008	2009	2010	2011	2012	2013
甲午	乙未	丙申	丁酉	戊戌	己亥	庚子	辛丑	壬寅	癸卯
1834	1835	1836	1837	1838	1839	1840	1841	1842	1843
1894	1895	1896	1897	1898	1899	1900	1901	1902	1903
1954	1955	1956	1957	1958	1959	1960	1961	1962	1963
2014	2015	2016	2017	2018	2019	2020	2021	2022	2023
甲辰	乙巳	丙午	丁未	戊申	己酉	庚戌	辛亥	壬子	癸丑
1844	1845	1846	1847	1848	1849	1850	1851	1852	1853
1904	1905	1906	1907	1908	1909	1910	1911	1912	1913
1964	1965	1966	1967	1968	1969	1970	1971	1972	1973
2024	2025	2026	2027	2028	2029	2030	2031	2032	2033
甲寅	乙卯	丙辰	丁巳	戊午	己未	庚申	辛酉	壬戌	癸亥
1854	1855	1856	1857	1858	1859	1860	1861	1862	1863
1914	1915	1916	1917	1918	1919	1920	1921	1922	1923
1974	1975	1976	1977	1978	1979	1980	1981	1982	1983
2034	2035	2036	2037	2038	2039	2040	2041	2042	2043

图2-18 干支纪元法

随着历史的发展逐渐融入相生相克的民间信仰观念，表现在婚姻、人生、年运等，每一种生肖都有丰富的传说，并以此形成一种观念阐释系统，成为民间文化中的形象哲学，如婚配上的属相、庙会祈祷、本命年等。现代，更多人把生肖作为春节的吉祥物，作为娱乐文化活动的象征。

深圳职业技术学院2016级学生黄森同学的毕业设计作品，做的就是十二生肖的首饰。（图2-19）

这套作品造型整体、语言统一、简约时尚，能把传统民俗文化和现代风格相结合，效果突出，所以这套作品不仅获得了优秀毕业设计奖，还获得了首饰设计"天工奖"最佳设计奖。

设计层次是有高低的。比如，客户要求设计一个小型中式花园庭院，很多人马上想到的是苏州园林。那么，最简单也最低级的方法就是元素的模仿与借鉴：把苏州园林的中式窗棂、月亮门、假山石、池塘、荷花等直接挪用或者再设计借鉴到设计当中，这种案例很常见。

高级的设计是学方法：总结分类后把借景、对景、框景、漏景、障景等造景方法用到设计中，再点缀一些传统元素，就是很好的作品。

最高级的设计是学理念：怎样在一个半封闭的小型空间中实现人与自然的移动交互对话，实现"天人合一"的中国传统文人思想追求，这就是大师级的设计了。

我们首饰设计得先从最低级的模仿借鉴开始，再到学习设计方法，最后能否有自己的理念，形成独立而完整的方法论，那就看修为了。

很多人说，文艺就没有统一的衡量标准。

其实是有的，我总结的优秀文艺作品三大标准：整体、纯粹、到位。

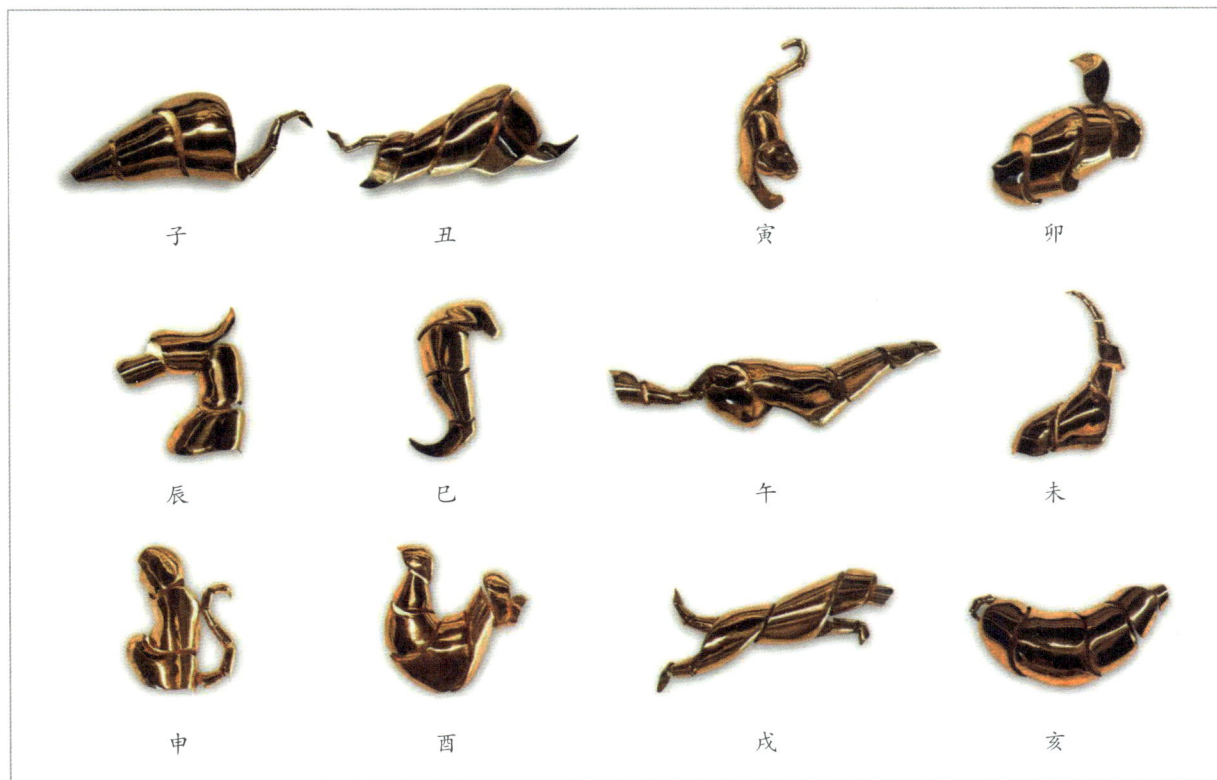

图2-19 黄森同学的毕业设计作品

看清楚，我说的是文艺作品，不是单指首饰设计。

整体，是指整个结构的整体，无论是文学、美术、音乐、舞蹈、戏剧还是电影等，都一样，必须完整。

纯粹，有两个含义，一个是要表现目的的纯粹，无论要表现美好、悲伤，还是人性，都要明确。另一个是表现语言的纯粹，这种纯粹不是指单一，而是语言得取舍、统一，不能模棱两可，什么都要。这也是为什么绘画要趋于平面化，雕塑要去色彩化的缘由。

到位，就是说结果了。不仅仅整体结构要明确，还要做到每个细节都刚刚好才行，最终把自己要说的话、做的事做到极致。

满足此三点就是优秀作品。首饰的造型设计也是这样要求的。

外形整体是人的视觉心理不自觉的追求，越整体的造型，力量感越强，所有内在的力就不会外泄，力的方向及动感就在整体中呈循环状态，会加大造型的力量感，如果有个指向，那力量就会集中。如果造型不整体，形散神就散了。

格式塔心理学（gestalt psychology），又叫完形心理学，是西方现代心理学的主要学派之一，诞生于德国，后来在美国得到进一步发展。该学派既反对美国构造主义心理学的元素主义，也反对行为主义心理学的刺激—反应公式，主张研究直接经验（即意识）和行为，强调经验和行为的整体性，认为整体不等于并且大于部分之和，主张以整体的动力结构观来研究心理现象。该学派的创始人是韦特海默，代表人物有苛勒和卡夫卡。以下推荐书目比较难以理解，有兴趣可以拿来一读。

推荐书目：

【美】鲁道夫·阿恩海姆著的《艺术与视知觉》《视觉思维——审美直觉心理学》

把造型看作几何形组合，来源于现代美术之父——【法】保罗·塞尚，他主张把任何造型都看作几何形体的组合。（图2-20）

而雕塑家【罗马尼亚】康斯坦丁·布朗库西，把立体造型几何化推向了极致，主张表现语言要尽可能统一，尽可能地用最少的语言表现变化。（图2-21）

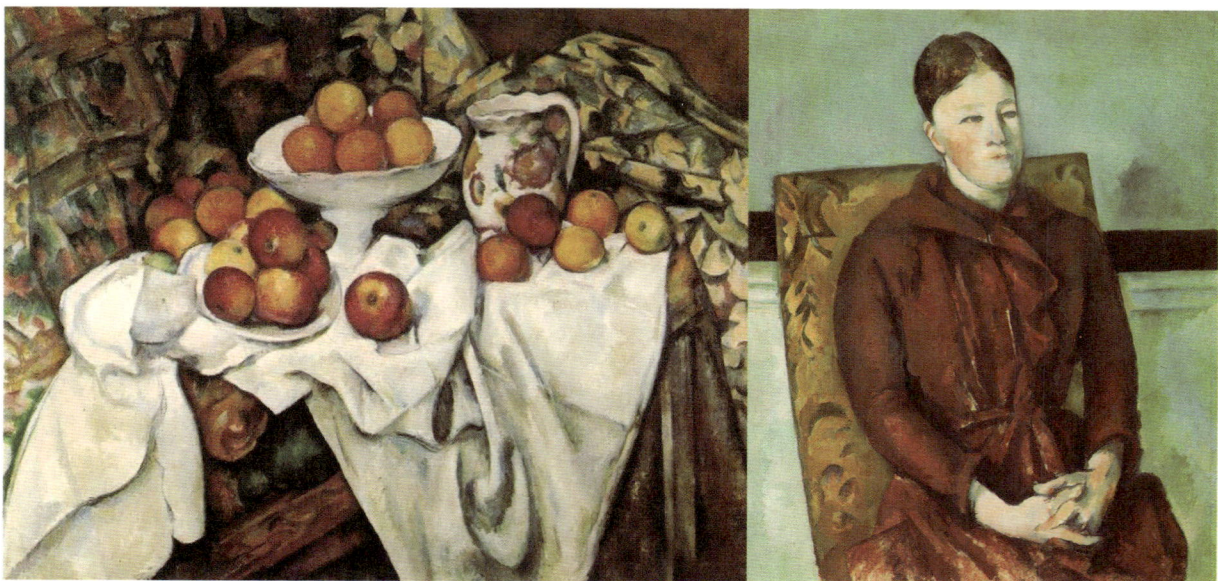

图2-20　保罗·塞尚的油画作品

图2-21　康斯坦丁·布朗库西的雕塑作品

德国现代建筑大师路德维希·密斯·凡·德·罗说："少即是多。"

"少"不是空白而是精简，"多"不是拥挤而是完美。密斯的建筑从室内装饰到家具，都是精简到不能再精简的绝对境界，使建筑本身升华为建筑艺术……（图2-22）

简约的设计在中国古代传统美学中有很好的体现，如宋瓷，宋代是中国的瓷器艺术臻于成熟的时代。

宋瓷在中国陶瓷工艺史上，以单色釉的高度发展著称，其造型之简约、色调之优雅，无与伦比。当时出现了许多举世闻名的名窑和名瓷，被西方学者誉为"中国陶瓷的伟大时期"。（图2-23）

明式家具是专指在明代制作的家具，是我国明代的一项艺术成就，被世人誉为"东方艺术的一颗明珠"，在世界家具体系中享有盛名。明式家具主要指那种以硬木制作于明代和清代前期，设计精巧、制

图2-22　路德维希·密斯·凡·德·罗的建筑作品

图2-23　宋代瓷器

作精良、风格简约的优质家具。明式家具在工艺制作和造型艺术的成就上已达到当时世界上最高的水平，是中国智慧的杰出代表。（图2-24）

图2-24　明式家具

简约设计就是把造型尽量归纳整理，统一化，这种风格是工业化大生产的结果，也符合现代人审美的心理感受。所以，这个生肖纪念首饰的老虎领花的造型就要符合现代设计的审美需求，要化繁为简。设计风格确定了，我们就可以开始设计了。

首先，我们要考虑一下领花佩戴的整体效果，确定基本造型。（图2-25、图2-26）

（1）我们先考虑，什么样的造型可以和衣领的造型相搭配，我们发现菱形可以补齐衣领中间的空白。

（2）然后把这个菱形变化一下，让部分边缘撑到衣领下面，这样方便遮挡里面的领结。

（3）再把两边的点上提，形成一个领带结的造型。

（4）最后把下面做成三个直边，方便领带、领巾和领结出头。蓝色箭头是领结出头方向，红色箭头是领带和领巾出头方向，基本造型设计完成。

确定了基本造型，接下来，要找大量的老虎图片和视频，这个过程叫搜集素材。

图2-25　领花造型变化基本造型

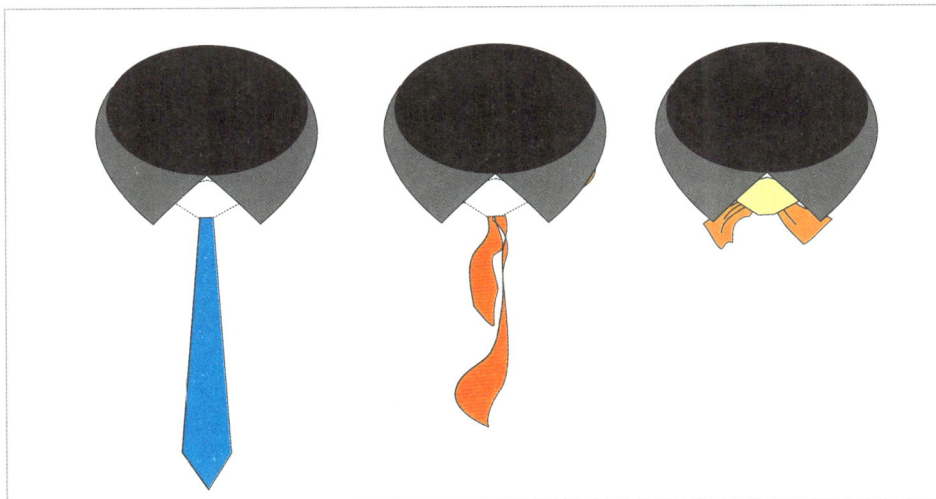

图2-26　领带、领巾和领结示意图

先仔细看老虎是啥样子，我们要从不同角度分析立体造型。绝对不能凭空想象，靠大脑的储存，是装不下多少知识的，我们学的是方法！

首先得考虑整体造型，老虎的头部最威武，那我们就用虎头的造型。

虎头的造型很多，各种媒介上的老虎样子很多，我们从网上挑选了这个张嘴的，显得生动。（图2-27）

（1）把虎头的体面用素描的方法分析出来，素描适合分析造型，色彩及花纹会扰乱造型分析。

图2-27　虎头造型

（2）按照素描分析进行几何化归纳，就是把复杂的体面归纳成几何造型，我们这里是用方形归纳的，显得有力量感。

（3）把造型转个方向再进行归纳简化，确定具体的几何结构。

（4）找一个最能表达特征的局部进行设计，其他部分在不影响特征表现的前提下尽量简化，这样会更简约、更现代。（图2-28）

图2-28　虎头造型的几何形归纳步骤示意图

造型设计确定，该画三视图了，三视图我们学过，直接完成作业就行。

三视图画好后，得画效果图了，我们要画两个颜色：白金和黄金。而且还要在虎嘴处镶嵌宝石，我们决定用半宝石进行镶嵌，男款镶嵌海蓝宝石，女款镶嵌石榴石。（图2-29、图2-30）

下面我们打开第三章第三节《材质工具箱》中《第一模块：规则宝石材质的表现》和《第三模块：贵金属材质的表现》，先后学习刻面宝石和贵金属的上色（主要学习黄金、白金的材质表现）。

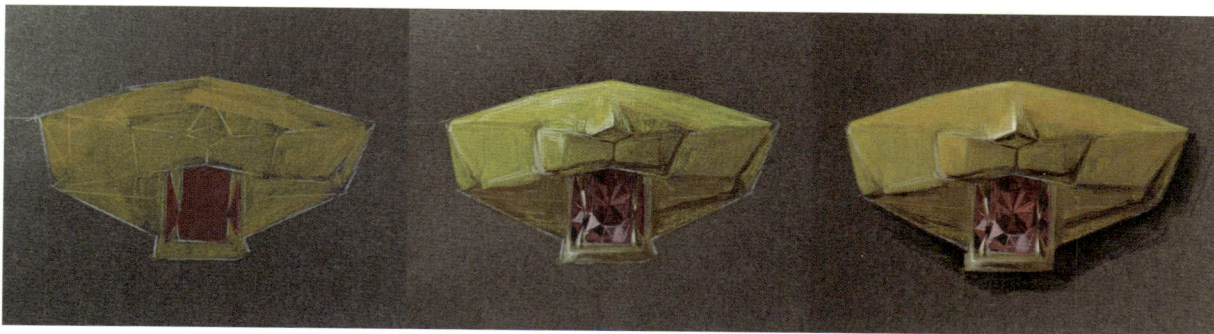

图2-29 电镀黄金效果图步骤

图2-30 电镀白金效果图步骤

艺术源于生活，又高于生活

——【俄】尼古拉·加夫里诺维奇·车尔尼雪夫斯基

艺术需要灵感，所谓处处有灵感，但这不重要，重要的是怎样把灵感转化为设计，这才是专业。靠零碎的小聪明出彩是无法真正成为设计师的。

大自然有无数有趣的造型，艺术家或设计师把这些自然形态通过整理、提炼、再加工等方法，转化成艺术形态，这是最难的，是最考验功力的。有了艺术形态，再转化成适合实施的设计形态就简单很多，只要结合相关工程工艺知识就能完成作品。大到城市规划、建筑设计，小到工业产品设计、首饰设计，都是这个道理。

所以，造型基础、三大构成、形式语言等基础课程必须学扎实，基础知识和技能是否牢靠，是决定设计师未来能走多远的关键因素。

推荐书目：

【日】朝仓直巳著的《艺术·设计的平面构成》

【美】金伯利·伊拉姆著的《设计几何学》

工厂把实物做出来了！我们看一下。（图2-31、图2-32）

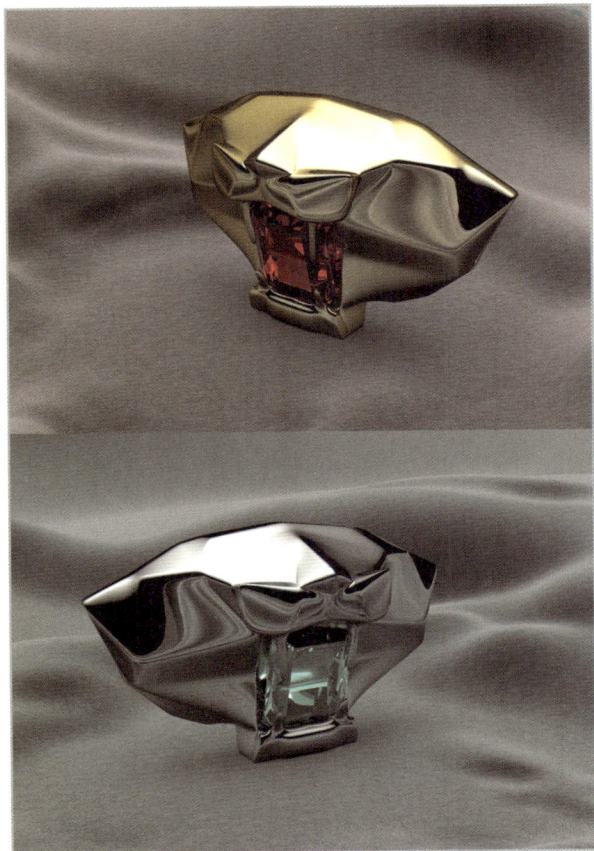

图2-31　电镀黄金和电镀白金的领花

图2-32　领花成品图

　　通过给互联网金融公司做这个项目，我们学了造型归纳设计，并且会画彩色效果图，已经达到了首饰企业设计师岗位的手绘要求。

　　随着我国第三产业的兴起，商业专题首饰设计是市场增长量最大的项目。设计师要能准确把握客户的需求，能在造型创意和成本控制之间找到最佳的契合点，这是一个合格的首饰设计师必备的专业素质之一。

课后延伸项目

十二星座吊坠设计。

设计要求：系列设计，风格不限，表现语言要统一，要有新意，可以素金，也可自选宝石镶嵌。

图纸要求：出具等比例彩色效果图，表现形式不限。

第三节 项目三

项目说明： 此项目为私人高端定制，通过情境项目训练，引入不规则宝石的色彩表现技法和色彩心理学在首饰设计中的应用知识，重点讲解分析客户心理需求的方法，为学生能独立开设工作室奠定基础。

项目情境： 一个周末，朋友约我们到茶楼喝早茶。到了茶楼，在座的还有位身材高挑、雍容华贵的中年女士，经介绍，这位是南山科技园一家科技公司的董事黄太太。

黄太太四十岁左右，上海人，在上海一所名校毕业后又在美国取得硕士学位，回国后和丈夫黄先生到深圳南山一起创办了科技公司。黄太太热爱中国传统文化，平常喜欢收藏品鉴古董字画，这次来是需要定制一款胸针。

次年在前海，粤港澳大湾区将举办国际高端商会，她应邀出席。为此她定制了新式旗袍，旗袍是黑底蓝紫色暗花，显得素雅。她想搭配一款醒目一点的胸针作为点缀，要求有中国特色，和旗袍元素有关，要低调而奢华，还要现代时尚、新颖独特，造价基本没有上限……

客户信息：黄太太，身高1.68米，年龄不详（约40岁），海归硕士，科技公司董事

最终使用人：黄太太

项目名称：胸针定制

项目数量：独一无二

应用场合：高端宴会

项目分析：这个项目的重点是客户本人，要仔细分析客户的具体信息，在不考虑造价的前提下，设计重点就只在首饰本身了。

案例示范

以上这些信息很重要，我们要基于这些信息进行分析设计。

这就是私人定制首饰的难度所在，这种设计最考验设计师的综合素质。这里不仅仅考验设计师的美术功底，还考验设计师与客户的沟通能力和对整个项目的分析把控能力。

接下来我们对整个项目进行具体分析。

首先，黄太太个子高，穿高跟鞋有1.75米以上，首饰不能太小，否则显得小气。

其次，分析佩戴场合，商会举办是在四月，深圳的四月绝对已是夏天了，旗袍肯定不会太厚，面料估计是真丝的，那胸针一定要大，且要轻盈，否则服装支撑不住。

还要和服装相协调，旗袍是黑色的，绣着蓝紫色的暗花……

项目使用者的文化背景也得分析，黄太太喜爱中国传统文化，那就得投其所好。

我们用宋代的词牌命名——蝶恋花！

用蝴蝶做造型设计！

宋词是宋代盛行的一种中国文学体裁，是一种相对于古体诗的新体诗歌，为宋代文人雅客智慧精华，标志着宋代文学的最高成就。宋词句子有长有短，便于歌唱。

它始于南朝，形成于唐代而极盛于宋代。

《诗经》—楚辞—先秦散文—汉赋—唐诗—宋词—元曲—明清小说—当代文学，都代表一代文学之盛。

词是一种音乐文学，它的产生、发展以及创作、流传都与音乐有直接关系。词所配合的音乐是所谓宴乐。

既然是为音乐填的词，那这乐曲就有名字，这个乐曲的名称就叫词牌。

"蝶恋花"，词牌名，原是唐教坊曲，后用作词牌，本名"鹊踏枝"，又名"黄金缕""卷珠帘""凤栖梧"等，是很优雅美好的名称。

我们找到很多蝴蝶图作为参考，然后，大量画草图、速写。（图2-33）

这一步很重要，不需要画细节，要把主要精力放在大的形态及动势上。主要是为了抓住视觉第一感受。

在基本造型方面，方形最稳定，圆形最饱满，三角形最有动感，且三角形方向性很明确。

所以我们打算用三角形作为设计的基本外形，这样显得生动活泼。

归纳、提炼并进行夸张设计，使得造型更轻盈优美。

选出一只轻盈优美的蝴蝶。（图2-34）

蝴蝶翅膀平面太单薄，为了使得整体造型立体，我们要把蝴蝶翅膀竖立，显得更加生动，再把造型方向变化一些，多占一些内部空间。

图2-33　手绘速写动态图

蝴蝶造型确定，得考虑颜色了。

宝石的色彩组合方式分为两大类，细分为五小类。（图2-35）

图2-34 蝴蝶

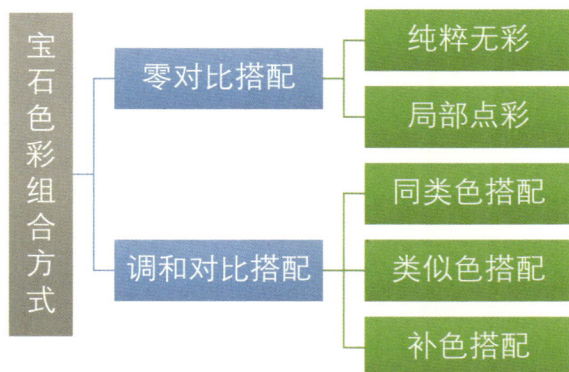

图2-35 宝石色彩组合方式图

纯粹无彩：无彩首饰虽然无色相，但它们的组合在实用方面很有价值。如黑与白、黑与灰、中灰与浅灰，或黑与白、灰，黑与深灰、浅灰等。对比效果感觉大方、庄重、高雅而富有现代感，但也易产生过于素净的单调感。（图2-36）

图2-36 纯粹无彩搭配图

局部点彩：无彩金属与彩色宝石搭配，如黑与红、灰与紫，或黑与白、黄，白与灰、蓝等。对比效果感觉既大方又活泼，无彩色面积大时，偏于高雅、庄重；有彩色面积大时，活泼感加强。（图2-37）

图2-37 局部点彩搭配图

同类色搭配：色相环上相邻的两至三色对比，色相距离大约30度，为弱对比类型。如红橙与橙、黄橙对比等。效果感觉柔和、和谐、雅致、文静，但也感觉单调、模糊、乏味、无力，必须调节明度差来加强效果。（图2-38）

图2-38　同类色搭配图

类似色搭配：色相对比距离约60度，为较弱对比类型，如红与黄橙对比等。效果较丰富、活泼，但又不失统一、雅致、和谐的感觉。（图2-39）

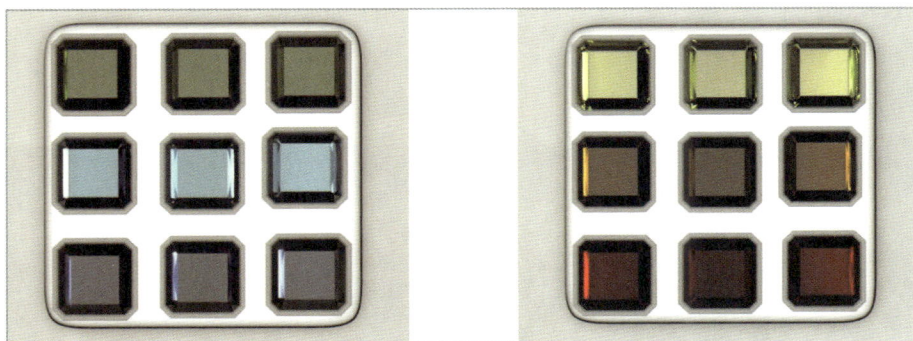

图2-39　类似色搭配图

补色搭配：色相对比距离180度，为极端对比类型，如红与蓝绿、黄与蓝紫对比等。效果强烈、炫目、响亮、极有力，但若处理不当，易产生幼稚、原始、粗俗、不安定、不协调等不良感觉。（图2-40）

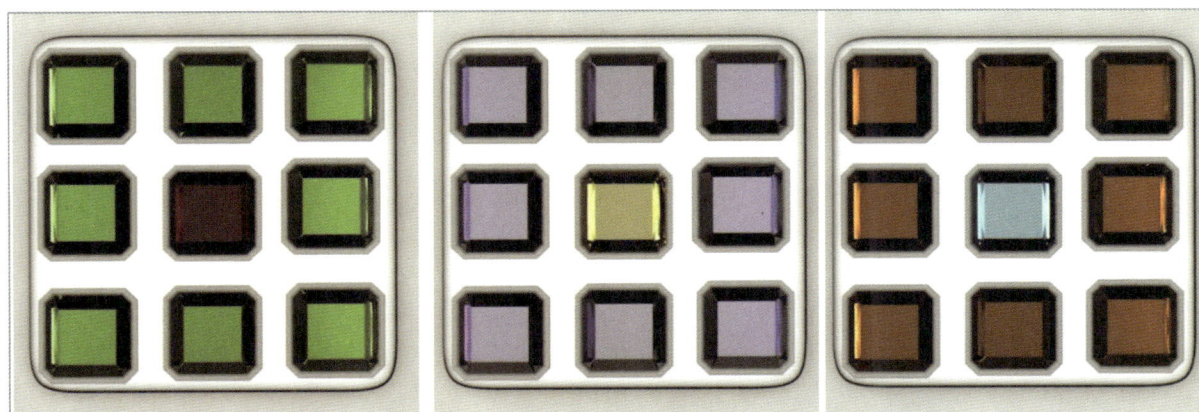

图2-40　补色搭配图

镶嵌宝石，不仅要考虑色彩搭配，很多时候也要考虑光泽和重量。在第三章第二节的《宝石工具箱》中有《常用宝石密度及折射率表》可供大家参考。

什么叫折射率呢？宝石鉴定专家黄旭老师的定义是，折射率就是宝石折射光的能力，高的折射率能轻易把光从宝石里面折射出去，使宝石光泽感更强，看上去更亮，容易出现火彩。火彩就是转动宝石闪烁出的耀眼光芒。

密度就是物质单位体积的质量。

蝴蝶胸针需要又轻又炫的，打开第三章第二节《宝石工具箱》的《第四模块：宝石的特性》，找到《常用宝石密度及折射率表》，从里面选密度低和折射率高的宝石。

怎么和服装搭配呢？打开第三章第三节《材质工具箱》，学一下《第五模块：色彩心理学在首饰设计中的应用》。

可以综合考虑：旗袍是黑色的，有紫色暗花，黑色代表权力，紫色代表神秘高贵，作为女性还要体现平易近人的一面。胸针是为了点缀，点缀是为了提神，突出亮点，那用补色最好，紫对黄，黄色代表明亮，黄中带橙色，显得亲切。

那就用18K黄金做材质，镶嵌橙色系的宝石：用最流行的墨西哥火欧泊，密度低，还能在不同的光线下表现出橙黄和橙红的火彩；再点缀以红钻，显得热情。与服装冷暖对比，一定漂亮！设计确定，该出效果图了。

好了，下面我们按照步骤画效果图。

图2-41

图2-42

图2-43

图2-44

图2-41
蝴蝶线稿

图2-42至图2-44
蝴蝶着色稿

（1）选用深灰色的卡纸，为了模拟在深色旗袍上的效果，先用浅色彩铅勾出线稿。（图2-41）

（2）用水粉颜料的土黄色铺底色，第一遍用色薄。（图2-42）

（3）用橙黄色画出火欧泊的底色，受光面要浓艳一些，背光面要减弱，显得透明。（图2-43）

（4）用赭石和熟褐画出金属暗面，表现立体感，柠檬黄和中黄提亮受光面。（图2-44）

（5）用白色提出金属及宝石的高光，用黑色加深明暗交界线，再用黄色彩铅画出反光，最后用黑色彩铅画出投影，完成。（图2-45、图2-46）

效果图画好以后，我们要撰写设计说明书，打开第三章第一节《制图工具箱》《第五模块：首饰设计说明书的格式》，按照设计说明书模板，规范书写。

图2-45　蝴蝶效果图

图2-46　蝶恋花胸针完成图

为了完成黄太太的蝴蝶胸针，我们学习了整个项目的设计流程，学习了珠宝相关的色彩搭配知识。单从手绘来说，我们已经可以开设自己的珠宝设计工作室了，也基本达到珠宝首饰企业主创设计师的手绘水准了。参加各种珠宝首饰设计大赛，绘图也不是问题了！

随着我国经济的腾飞，民众的生活水平日益提高，对个性化首饰的需求会越来越多；而网络科技的发展大大降低了客户与首饰设计师的沟通成本；三维打印的发展和普及会把首饰制作流程简化。所以，私人定制会成为将来首饰设计的主流业态。综上所述，对客户具体需求的分析把控能力是决定首饰设计师能否成功的必备素质。

课后延伸项目

明式汉服的发饰设计。

设计要求：汉服具体款式不限，发饰要与所选服装搭配；设计要有创新，可以借鉴但不能抄袭古代样式，材料不限。

图纸要求：出具设计思路草图和彩色效果图，表现形式不限。

撰写设计说明：要求格式规范，表述准确。

3

第三章

工具箱

章节前导
Chapter preamble

　　基于首饰设计知识点的碎片化特征，本章节把知识点分类组合成若干个模块，再通过模块的集中分类整合成三个大的"工具箱"，按实际授课随时调取，以满足教学及首饰设计爱好者自学的需要。

　　三个工具箱分别解决不同的问题：《制图工具箱》归纳了首饰设计线稿和首饰标准三视图的制图规范及方法，是为学生学习设计并绘制可用于工厂加工的标准制图设立的；《宝石工具箱》是单独讲解常用宝石和宝石在首饰中应用的相关知识，是首饰设计的专有知识；《材质工具箱》专门讲解首饰常用材质的色彩表现方法，是为帮助学生掌握手绘首饰彩色效果图而设立的。这三个工具箱中的知识点相互关联，相辅相成，要根据需求灵活组合使用才有成效。

第一节　制图工具箱

制图工具箱是专为画线稿准备的，这里有绘图材料及工具的介绍，要了解一些首饰的结构知识、学会戒圈的画法，关键是要掌握三视图的画法，这是对接生产加工的必要技能。

第一模块：绘图材料及工具

首饰设计的手绘材料及工具分为四大类：纸、笔、颜料、尺子。

一、纸

画线稿和三视图，选纸不要低于150克，以密度大的白色亚光绘图纸为好。

画效果图，那就选择多了，水彩画法用细纹水彩纸或白色亚光卡纸；水粉表现推荐白色或灰色亚光卡纸；如果用马克笔表现，最好是光滑一点的白色卡纸，画出来比较清透；色粉笔画就得用表面粗糙的卡纸才容易上色。以上所有的纸最好在240克以上，画幅根据具体情况选在B5～A3或者16K～4K。

二、笔

绘图铅笔（6H～4B）、自动铅笔、碳素笔、纸擦笔、针管笔（油性0.1～0.5）、小号毛笔（兼毫）、勾线笔（狼毫或尼龙）。

三、颜料

水彩颜料、水粉颜料、彩色铅笔、马克笔、色粉笔。

四、尺子

直尺、曲线板、三角尺、珠宝专用模板、圆规。

以上材料及工具建议买国产的。国产的品质过关，而且价廉物美。

这里重点介绍珠宝专用模板，如图3-1所示。

这种模板相当好用，是按照珠宝的生产标准设计的，有各种规格的造型，直接套用就好，非常简便。20年前，香港这种模板约上千元港币一套。后来，随着我们国家制造业的发展，现在国产模板价格已相当便宜。

图3-1　珠宝专用模板图示

第二模块：首饰的常用结构

先说一下首饰的定义，无论是直接戴在身上的（什么部位都行），还是别在衣服上的，没有具体实用功能就是好看的物件，统统可以叫作首饰！

首饰有各种分类方法，风格、定位、材质等都可以作为分类方式。

按照地域文化来分，比如北欧风格、中式风格、非洲风格等。

按照艺术流派分，比如新艺术首饰、巴洛克首饰、哥特首饰、极简首饰等。

按照特定专题分，比如商务性首饰、纪念性首饰、实验艺术首饰、功能首饰等。

按照价格分，比如收藏级别的贵重首饰、平时佩戴的普通首饰、随时更新且价格便宜的消费首饰……

以上是后续的首饰设计课程和创意设计课程的内容，现在的手绘课程是基础课，我们只从首饰绘图出发，学习最基础的首饰分类——按照佩戴的部位及结构不同，分为以下类别：戒指、耳饰、项饰、腕饰、胸饰、头饰等。

一、戒指：闭环式、开口式

闭环式戒指，就是指环，是由金属或玉石等材料制作，封闭式的一个戒圈，特点是佩戴牢靠，简约大方，根据需求大小不同。（图3-2）

开口式戒指，一般都是用金属制成的戒指，小范围内可以随意开合，方便佩戴。（图3-3）

二、耳饰：针插式、挂钩式、钳夹式

针插式耳饰，一般用于耳钉、耳线，特点是佩戴牢靠，不拘泥于造型。（图3-4）

挂钩式耳饰，一般用于耳坠，特点是只能用下坠式造型。（图3-5）

钳夹式耳饰，用于耳夹，专为耳朵没有打孔的人佩戴。（图3-6）

三、项饰：固定式、链条式、吊坠

固定式项饰，常用于项圈，特点是结构造型固定，能活动的节点少，不太贴合身体。（图3-7）

图3-2　戒指：闭环式

图3-3　戒指：开口式

图3-4　耳饰：针插式

图3-5　耳饰：挂钩式

图3-6　耳饰：钳夹式

图3-7　项饰：固定式

　　链条式项饰，常用于项链、珠串等，主结构是链条式，有很多活动节点，这样的项饰可以贴合身体佩戴。（图3-8）

　　吊坠项饰，特点是装饰主体是配在链子上的，结构可以拆分，方便更换。（图3-9）

四、腕饰：闭环式、开口式、接口式、链条式

　　闭环式腕饰，常见于手镯，特点是大小固定，材料不限。（图3-10）

　　开口式腕饰，常见于手镯，特点是材质要用延展性的金属，方便佩戴。（图3-11）

　　接口式腕饰，常见于玉石或其他固定材料通过金属活动接口佩戴的手镯，常见于金镶玉工艺。（图3-12）

　　链条式腕饰，常见于手链或手串，特点是佩戴随意，造型多变。（图3-13）

五、胸饰：别针式、卡扣式、钳夹式

　　别针式胸饰，一般用于胸针和胸花，特点是牢固，但不太好隐藏结构。（图3-14）

　　卡扣式胸饰，一般用于胸针和领花，特点是结构隐秘。（图3-15）

　　钳夹式胸饰，一般用于领带夹或领花，特点是佩戴方便，但造型受限制。（图3-16）

图3-8　项饰：链条式

图3-9　项饰：吊坠

图3-10　腕饰：闭环式

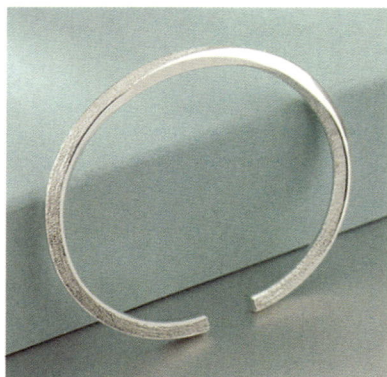

图3-11　腕饰：开口式

图3-12　腕饰：接口式

图3-13　腕饰：链条式

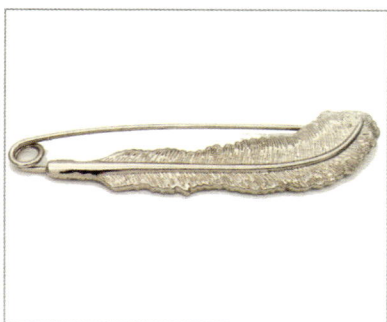

图3-14　胸饰：别针式

图3-15　胸饰：卡扣式

图3-16　胸饰：钳夹式

六、头饰：针插式、夹扣式、套头式

针插式头饰，多用于发簪、头花，特点是佩戴方便。（图3-17）

夹扣式头饰，多用于发卡、头花，特点是佩戴方便。（图3-18）

套头式头饰，多用于束发和头冠，是古代常用的头饰，现在多用于汉服搭配。（图3-19）

首饰知识太多了，我们根据结构分类，就是为了绘图的时候方便使用。

以上我们了解了首饰的一些常用结构，下面我们学画戒圈。

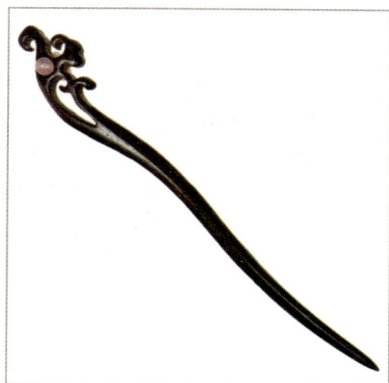

图3-17　头饰：针插式

图3-18　头饰：夹扣式

图3-19　头饰：套头式

第三模块：戒圈的画法

画戒圈之前，我们先说一下透视。

透视学即在平面上再现空间感、立体感的方法及相关的科学。这是一门专业的系统学科，我们先大致了解一些"线透视"。

线透视分为三种，按照消失点的多少分为一点透视、两点透视和三点透视。（图3-20至图3-22）

一点透视一般用于室内设计，两点透视在室内设计和工业设计方面用得比较多，三点透视主要是用于建筑或者城市规划这种大尺度的设计专业。

首饰太小了，我们画立体图的时候，线透视引起的视觉误差可以忽略不计，所以行业标准制定得很讲理，也最简单：首饰立体图是微透视，接近轴测图。（图3-23）

绘图材料 白色绘图纸或者其他密度较高的亚光白纸（150克以上）、铅笔（4H、HB、2B）、橡皮、直尺、曲线板、三角尺、圆规。

首饰一般体量不大，所以为了直接感受成品的样子，同时方便工厂师傅直接按照图纸加工，做多大就得画多大，所以首饰行业标准里面，绘图比例要求是1：1。

不管选多大的纸，画图之前必须打一个与纸边缘距离为20mm的边框，在边框里面画，这是规范，得遵守。这个边框防止图纸画到纸边缘，还为了避免图纸装裱展示时边缘的损耗。

戒圈绘制步骤：（1）用十字线定位。（2）画出具体尺寸框架。（3）画出立体框架。（4）框架内画出戒圈两边。（5）画出戒指内圈连接面。（6）删除辅助线。（7）删除隐藏结构线。（8）绘制完

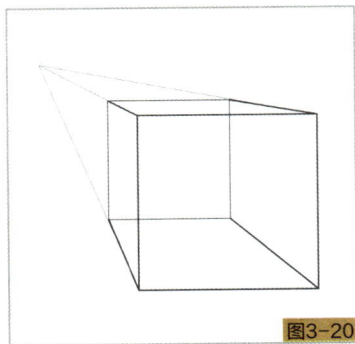

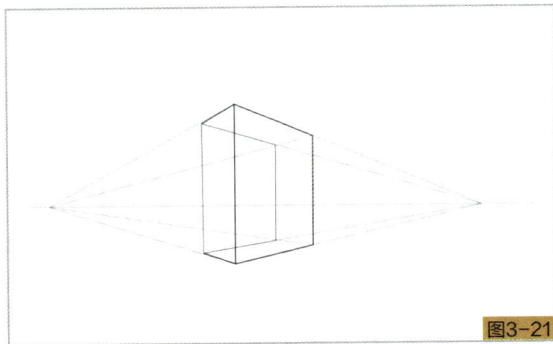

图3-20　一点透视

图3-21　两点透视

图3-22　三点透视

图3-23　轴测图

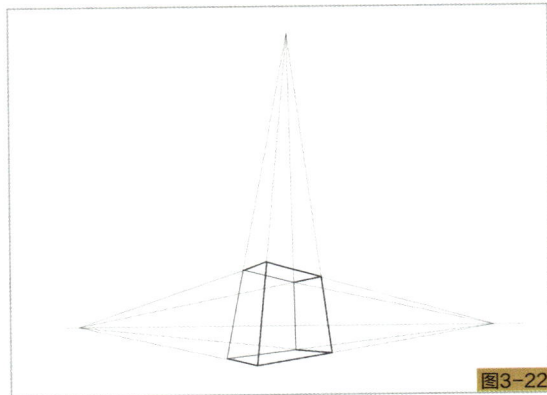

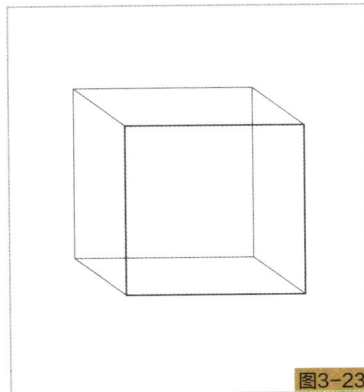

成。（图3-24）

首饰的立体图，一般按照等比例大小绘制，基本可以忽略透视，直接用轴测图就行。

戒圈的造型是可以随意变化的，只要不妨碍佩戴就行。如果是放大表现，那就要用透视图了，两点透视就可以，而且只要微微有透视就行，不要太夸张。（图3-25）

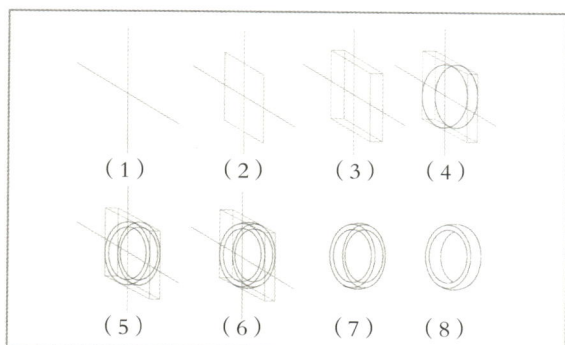

图3-24 戒圈绘制步骤图

图3-25 戒圈的一些造型变化示意图

国际上的戒圈号码不统一，有日本版、韩国版、欧洲版、美版等。中国戒圈号码标准来源于我国的香港特区，香港原来是全球主要首饰制造加工基地之一，现在香港首饰制造业基本迁到了深圳，港版的标准最适合中国人，所以我们就直接沿用。（表3-1）

表3-1 中国戒圈号码标准图

戒指圈号（号）	内圈直径（mm）	内圈周长（mm）	说明
7#	14.5	46	女款小码
8#	15.1	47.5	
9#	15.3	48	
10#	16.1	50.5	女款中码
11#	16.6	52	
12#	16.9	53	
13#	17	53.5	
14#	17.7	55.5	
15#	18	56.5	女款大码 男款小码
16#	18.2	57	
17#	18.3	57.5	
18#	18.5	58	男款中码
19#	18.8	59	
20#	19.4	61	
21#	19.7	62	
22#	20.2	63.5	
23#	20.4	64	男款大码
24#	21	66	

第四模块：首饰三视图画法

首饰三视图是首饰用于生产加工的标准制图，工厂的师傅可以按照这张图直接起蜡版。

定义：能够正确反映物体长、宽、高尺寸的正投影工程图（主视图、俯视图、左视图三个基本视图）为三视图，这是工程界一种对物体几何形状约定俗成的抽象表达方式。

主视图和俯视图的长要相等，主视图和左视图的高要相等，左视图和俯视图的宽要相等。

三视图是对于对称的首饰来说的，如果首饰一些角度不对称，那就得根据需要绘制四视图、五视图甚至六视图了。

三视图是高中知识，这里不赘述，我们只讲首饰三视图的要求。

一、首饰三视图制图规范

（1）图纸距离四边必须有20mm的边框。

（2）绘图最边上的线条与标注的尺寸不能超出边框。

（3）首饰制图的标准是1：1等比例，细节结构需要放大标注的，必须单独标注尺寸。

（4）图样中（包括技术要求和其他说明）的尺寸，以毫米（mm）为单位。

（5）图样中所标注的尺寸，为该图样所示部件的最后完工尺寸，否则应另加说明。

（6）首饰部件的每一尺寸，一般只标注一次，并应标注在反映该结构最清晰的图形上。

（7）标注线性尺寸时，尺寸线必须与所标注的线段平行。

二、首饰三视图制图步骤

（1）形体分析：对要表现的珠宝首饰进行分析并图纸分解为若干形体，确定它们的组合形式，以及相邻表面间的相互位置。（图3-26）

图3-26 形体分析图

（2）定图幅、画基准线：根据组合体长、宽、高预测出三个视图所占的面积，并留出标注尺寸的位置和间距，据此确定用多大的纸来画，并画出基准线（2H铅笔）。（图3-27）

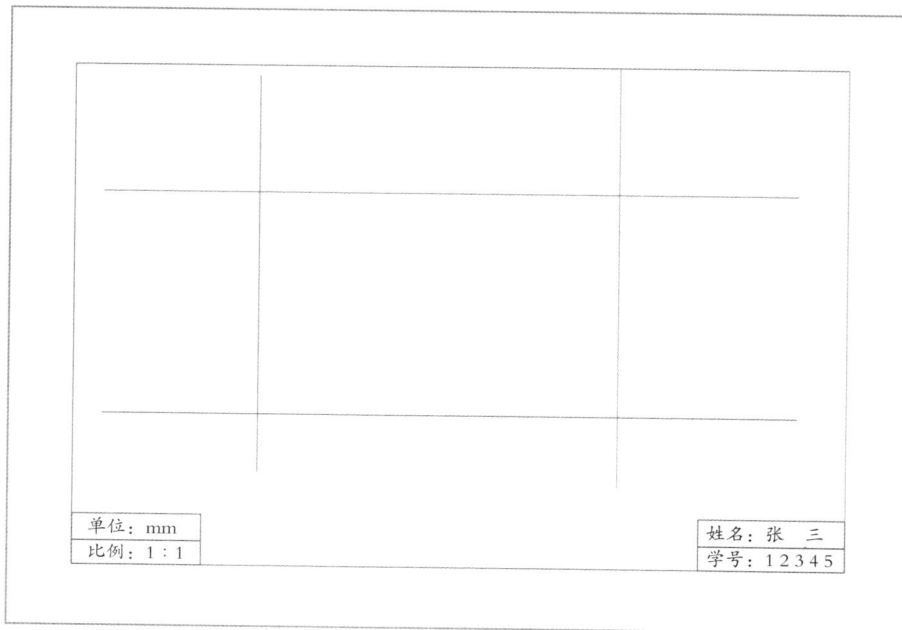

图3-27　定图幅、画基准线

（3）确定主视图：主视图是最主要的视图。确定主视投影方向，要选最能反映组合体的形体特征，并能减少俯视图、左视图面积的角度。（图3-28）

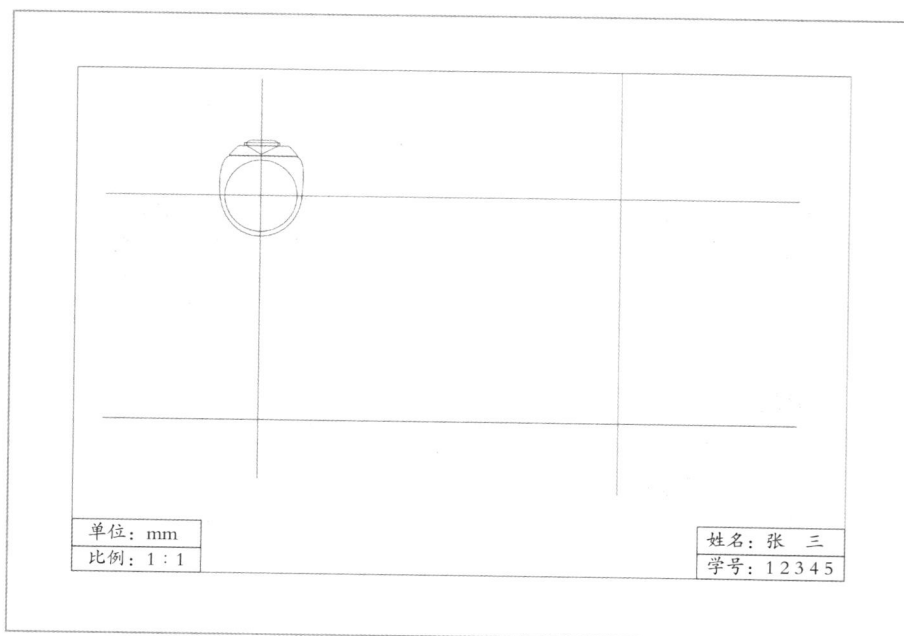

图3-28　确定主视图

（4）绘制三视图：三个视图联系起来画，从主视图画起，再按投影规律画出其他两个视图。画三视图（HB铅笔），要三个视图同时画在一个画面。（三视图用HB铅笔画，辅助线用4H铅笔画）（图3-29）

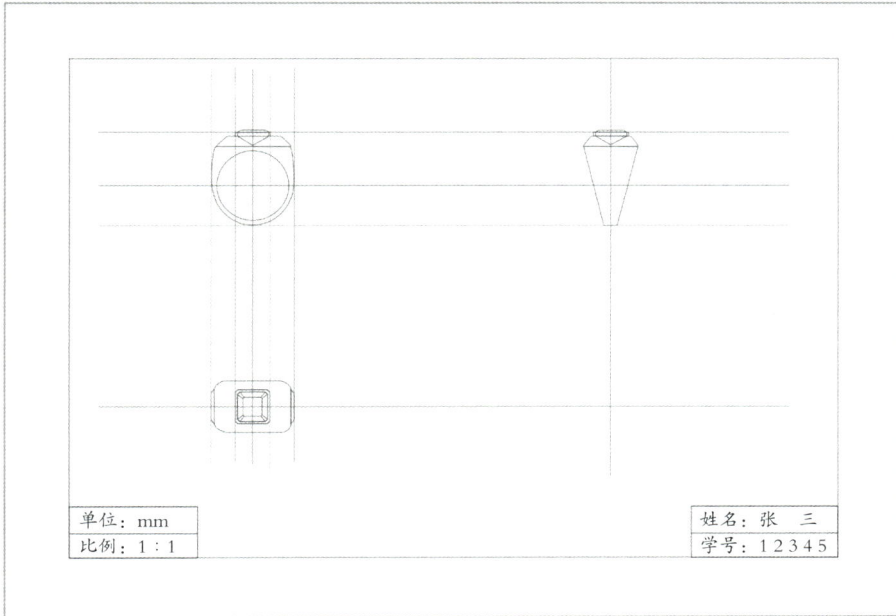

图3-29　绘制三视图

（5）三视图细化：画形体的顺序一般先实（实形体）后空（挖去的形体）；先大（大形体）后小（小形体）；先画轮廓，后画细节。（外轮廓用2B铅笔描深，内部造型用1B铅笔描深）（图3-30）

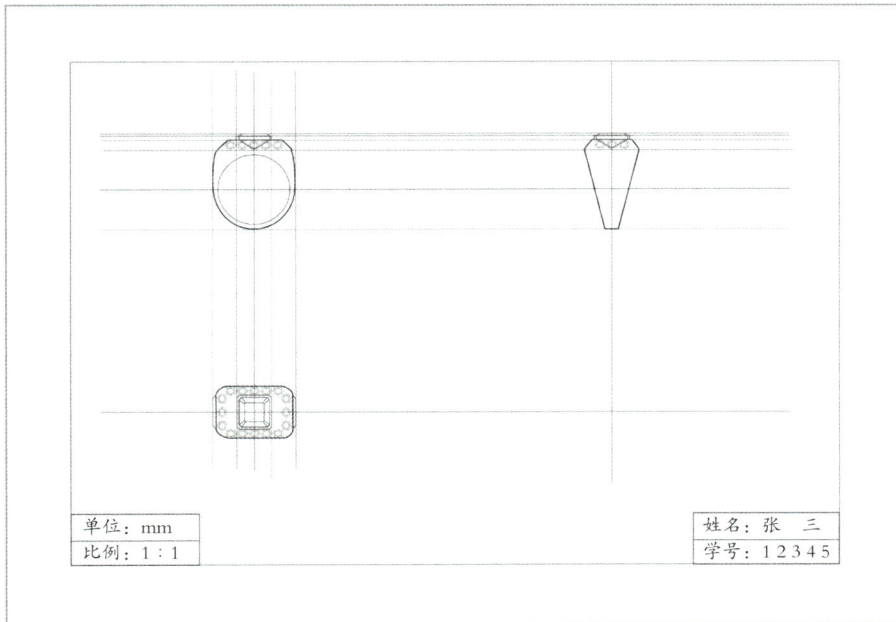

图3-30　三视图细化

（6）标注及检查：标注具体尺寸，对首饰中的垂直面、结构转折、宝石镶嵌等特殊位置的面、线，纠正错误和补充遗漏。（尺寸标注用1B铅笔标出）（图3-31）

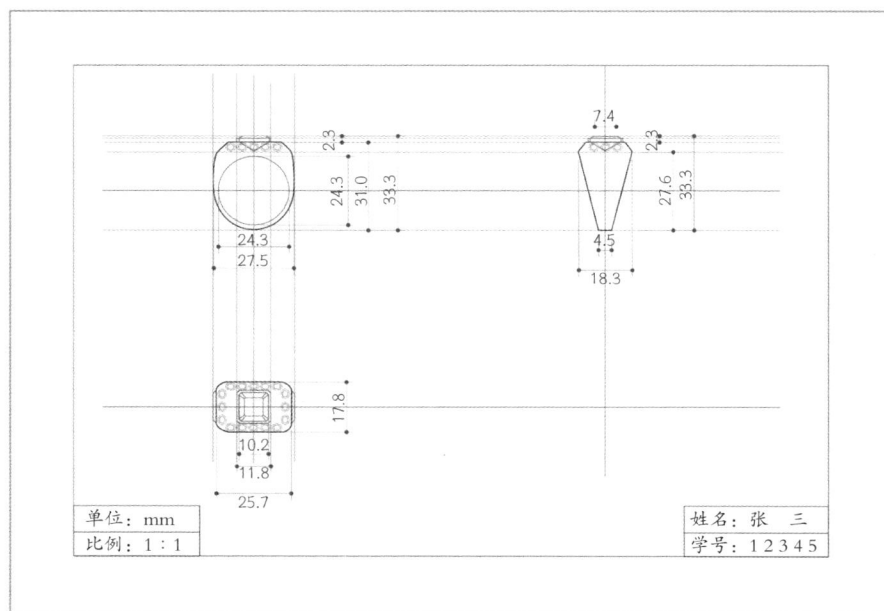

图3-31 三视图标注及检查

三视图知识点总结：

（1）图纸距离四边要留20mm的边框。

（2）比例为1：1，准备做多大就画多大。

（3）所有尺寸标注都是以毫米（mm）为单位。

（4）关键结构要清晰明了。

（5）不允许出现透视。

（6）图纸尽量保持整洁。

第五模块：首饰设计说明书的格式

首饰设计说明书是指以文本的方式对首饰设计项目进行相对详细的表述，使客户认识、了解并认同设计理念，同意项目实施的重要文件。其基本特点有真实性、科学性、条理性、通俗性和实用性。

首饰设计说明书的结构通常由项目名称或主题、设计理念、工艺流程、项目造价预估和落款五个主要部分构成。设计理念和项目造价预估是产品说明书的主题、核心部分。

首饰设计说明书模板

工作室或公司名称

设计说明

项目名称或主题
（填写项目的具体名称或者主题的名称，要求简约准确。）

设计理念
（理念是设计师在首饰作品构思过程中所确立的主导思想，它赋予作品文化内涵和风格特点。好的设计理念至关重要，它不仅是设计的精髓所在，而且能令作品更加个性化、专业化。要认真填写。）

工艺流程
（简要说明工艺实施流程，重点讲解关键结构的工艺解决方案。）

项目造价预估
（填写使用材料及工艺制作的预估成本。）

材料及工艺	数量及单位	总价

设计师：　　　　　　　　日期：
设计总监：　　　　　　　日期：

第二节　宝石工具箱

　　在这一节可以认识常用宝石的样子，了解它们的分类，重点掌握刻面宝石的画法，学会常用的宝石镶嵌知识，能使用《常用宝石密度及折射率表》查找宝石特性。学会这些，离成为专业人才就更近一些。

第一模块：认识常用宝石

一、宝石的定义

　　宝石，就是贵重的石头，指那种经过琢磨和抛光后，可以达到珠宝要求的石料或矿物。

　　宝石一般分为贵重宝石和半宝石两类。

　　贵重宝石主要有四种，即钻石、红宝石、蓝宝石和祖母绿，价格比较昂贵。

　　而其余的宝石，像水晶、玛瑙、碧玺、青金石、托帕石（黄玉）、海蓝宝石、石榴石、月光石、星光石、黑曜石、孔雀石、绿松石、金绿宝石（猫眼）、欧泊等都是半宝石。另外，有机宝石琥珀、珍珠、珊瑚等也被归为半宝石。

　　那无机宝石和有机宝石怎么区分呢？很简单，来自含有有机材料，皆由生物所衍生的，就是有机宝石。

　　我们现在大致认识一下常用的宝石。

　　钻石，是指经过琢磨的金刚石。金刚石是一种天然矿物，是钻石的原石。简单地讲，钻石是在地球深部高压、高温条件下形成的一种由碳元素组成的单质晶体，钻石是天然矿物中硬度最高的。（图3-32）

　　红宝石，是指颜色呈红色的刚玉，因其成分中含铬而呈红色，铬含量越高颜色越鲜艳。血红色的红宝石最受人们珍爱，红宝石质地坚硬，硬度仅在金刚石之下。（图3-33）

　　蓝宝石，是刚玉宝石中除红宝石之外，其他颜色刚玉宝石的通称。这里说的蓝宝石是狭义说法，特

图3-32　钻石

图3-33　红宝石

图3-34　蓝宝石

指蓝色的，蓝色是由于其中混有少量钛和铁杂质所致。（图3-34）蓝宝石包括蓝色的和彩色的。彩色蓝宝石，是蓝宝石中除蓝色以外其他颜色蓝宝石的统称，彩色蓝宝石的颜色，可以有粉红色、黄色、绿色、白色，甚至同一颗宝石有多种颜色。（图3-35）

祖母绿，被称为"绿宝石之王"，因其特有的绿色和独特的魅力，以及神奇的传说，深受西方人的青睐。（图3-36）

水晶，是稀有矿物，宝石的一种，石英结晶体，纯净时形成无色透明的晶体。（图3-37）

玛瑙，也作码瑙、马瑙、马脑等，是玉髓类矿物的一种，色彩相当有层次。有半透明或不透明的。（图3-38）

碧玺，是电气石的工艺品名，是电气石族里达到珠宝级的一个种类，呈现各式各样的颜色。碧玺的成分复杂，颜色也复杂多变。国际珠宝界基本上按颜色对碧玺划分商业品种，颜色越是浓艳价值越高。（图3-39）

青金石，在中国古代称为"璆琳""金精""瑾瑜""青黛"等。颜色为深蓝色、紫蓝色、天蓝色、绿蓝色等。青金石还是天然蓝色颜料的主要原料。青金石的质地致密、细腻，没有裂纹，黄铁矿分布均匀似闪闪星光为上品。（图3-40）

托帕石，矿物学中也称"黄玉"或"黄晶"，由于消费者容易将黄玉与黄色玉石的名称相互混淆，商业上多采用英文音译名称"托帕石"来标注宝石级的黄玉。因为托帕石的透明度很高，又很坚硬，所以反光效应很好，加之颜色美丽，颇受青睐。（图3-41）

图3-35 彩色蓝宝石

图3-36 祖母绿

图3-37 水晶

图3-38 玛瑙

图3-39 碧玺

图3-40 青金石

海蓝宝石，是一种彩色宝石。海蓝宝石的颜色为天蓝色至海蓝色或带绿的蓝色，以明洁无瑕、浓艳的艳蓝色至淡蓝色者为最佳。（图3-42）

石榴石，晶体与石榴籽的形状、颜色十分相似，故名"石榴石"。颜色好、净度高的石榴籽石可以成为宝石。常见的石榴石为红色，但其颜色的种类十分广泛，几乎涵盖了整个光谱的颜色。（图3-43）

月光石，通常是无色至白色，也可呈浅黄色、橙色至淡褐色、蓝灰色或绿色，透明或半透明，具有特别的月光效应，因而得名。（图3-44）

星光石，刚玉类宝石如红宝石、蓝宝石、金黄宝石、黑星石等之优质者。显出六条耀眼的放射形星状光线，形如闪星，故称"星光石"，一般都很名贵。（图3-45）

黑曜石，是一种常见的黑色宝石，又称"龙晶""十胜石"，是一种自然形成的二氧化硅，通常呈黑色。黑曜石是从火山熔岩流出来的岩浆突然冷却后形成的天然琉璃。（图3-46）

孔雀石，是一种古老的玉料，主要成分为碱式碳酸铜。中国古代称孔雀石为"绿青""石绿"。孔雀石由于颜色酷似孔雀羽毛上斑点的绿色而获得如此美丽的名字。（图3-47）

绿松石，属优质玉材，古人称其为"碧甸子""青琅玕"等，欧洲人称其为"土耳其玉"或"突厥玉"。绿松石因所含元素的不同，颜色也有差异，氧化物中含铜时呈蓝色，含铁时呈绿色。多呈天蓝色、淡蓝色、绿蓝色、绿色、带绿的苍白色。颜色均匀，光泽柔和，无褐色铁线者质量最好。（图3-48）

金绿宝石，意思是金色绿宝石。在珠宝界亦称"金绿玉""金绿铍"。金绿宝石本身就是较稀少的

图3-41　托帕石

图3-42　海蓝宝石

图3-43　石榴石

图3-44　月光石

图3-45　星光石

图3-46　黑曜石

图3-47 孔雀石

图3-48 绿松石

图3-49 金绿宝石

矿物，能形成猫眼和变色效应者就更少，因而十分珍贵。金绿宝石中，最著名的就是金绿猫眼。（图3-49）

欧泊，是世界上美丽和珍贵的宝石，世界上95%的欧泊出产于澳大利亚。它可以分为无色、白色、浅灰色、深灰色一直到黑色。不同于其他宝石的是，欧泊是根据随机的"变色游戏"来呈现光谱中的各种色彩的。（图3-50）

欧泊是凝胶状或液体的硅石流入地层裂缝和洞穴中沉积凝固成的非晶体宝石矿，其中也包含动植物残留物，例如树木、甲壳和骨头等。高等级欧泊的含水率可高达10%。

图3-50 欧泊

琥珀，是一种透明的生物化石，是松柏科、云实科、南洋杉科等植物的树脂化石，树脂滴落，掩埋在地下千万年，在压力和热力的作用下石化形成，有的内部包有蜜蜂等小昆虫，奇丽异常。琥珀大多数由松科植物的树脂石化形成，故又被称为"松脂化石"。（图3-51）

珍珠是一种古老的有机宝石，主要产于珍珠贝类和珠母贝类软体动物体内。珍珠为贝类内分泌作用而生成的含碳酸钙的矿物珠粒，由大量微小的文石晶体集合而成。种类丰富，形状各异，色彩斑斓。（图3-52）

珊瑚是珊瑚虫分泌出的外壳，形状像树枝，颜色鲜艳美丽，可以做装饰品。宝石级珊瑚为红色、粉红色、橙红色。红色是由于珊瑚在生长的过程中吸收海水中少量的氧化铁而形成的，黑色是由于含有有机质。具有玻璃光泽至蜡状光泽，不透明至半透明。（图3-53）

图3-51 琥珀

图3-52 珍珠

图3-53 珊瑚

了解了常用宝石，我们将它们的造型分一下类。

二、宝石造型的分类

为了做成首饰，宝石要根据需求做成各种形状，造型大致分为四类，即弧面宝石、刻面宝石、球形宝石和不规则宝石。

弧面宝石：顶为弧形面，底为外凸、平面或内凹的宝石，又叫素面宝石或蛋圆宝石等。主要用于加工颜色美丽的玉石。一些净度、透明度很差的宝石也多加工为弧面宝石。

刻面宝石：通俗地说，就是把开采的原始宝石通过打磨和抛光，使表面形成各种形状、大小的位置不同的平面的宝石。这种不同的刻面工艺就叫切工。为什么要把宝石做出各种刻面呢？因为这些刻面可以很好地反射和折射光线，在射灯下就显得光耀璀璨，而这些反射和折射的光线就叫火彩，火彩是指白光照射到透明刻面宝石时，因色散而使宝石呈现光谱色闪烁的现象。比如钻石、锆石。（图3-54）

球形宝石：就是球状的宝石或半宝石，一般是打孔用来串珠子，或者像珍珠那样用来插镶。

不规则宝石：就是保持部分天然形态或者雕刻成艺术造型的宝石。

第二模块：常用宝石切工的画法

这里我们主要讲刻面宝石。

刻面宝石的切工按照复杂程度分为简易型切工、宝石型切工、钻石型切工。

简易型切工：常用于正方形、长方形、梯形等直边形宝石，如祖母绿、碧玺等。（图3-55）

宝石型切工：比较简易的切工，刻面不多，一般用于不太透明的宝石。（图3-56）

钻石型切工：是一种最早用于钻石的切工，因刻面多，也多用于透明度高的贵重宝石和半宝石。（图3-57）

其实宝石的切工并不固定，很多情况下是根据需求灵活使用的，比如有些时候水晶也可能用到钻石型切工。

图3-58至图3-69是刻面宝石的绘制步骤图。

图3-54　钻石火彩示意图

图3-55　简易型切工

图3-56 宝石型切工

图3-57 钻石型切工

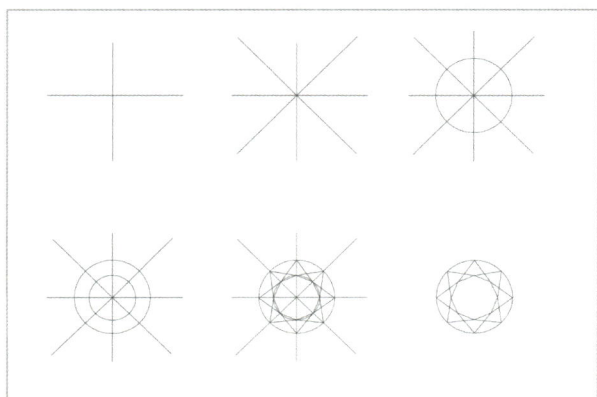

图3-58 圆形宝石切工

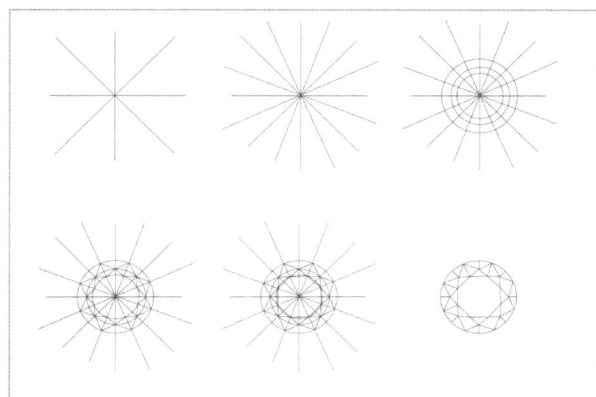

图3-59 圆形钻石切工

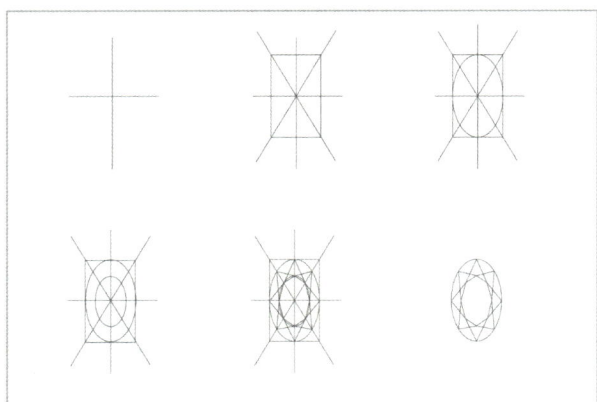

图3-60 椭圆形钻石切工

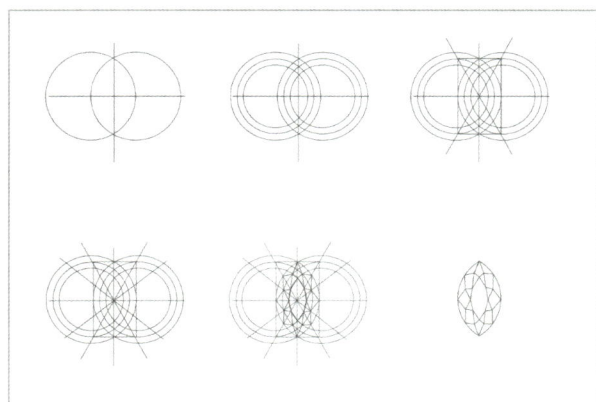

图3-61 橄榄形钻石切工

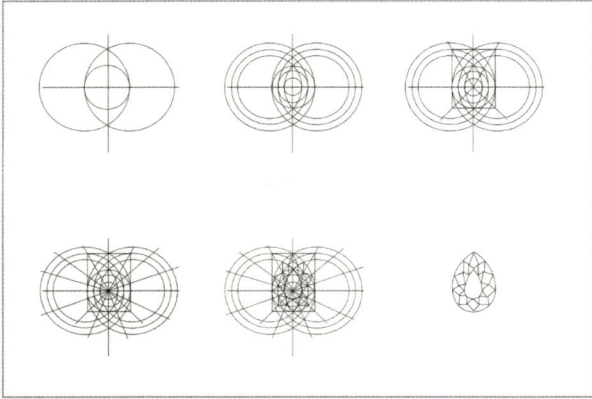

图3-62　水滴形钻石切工

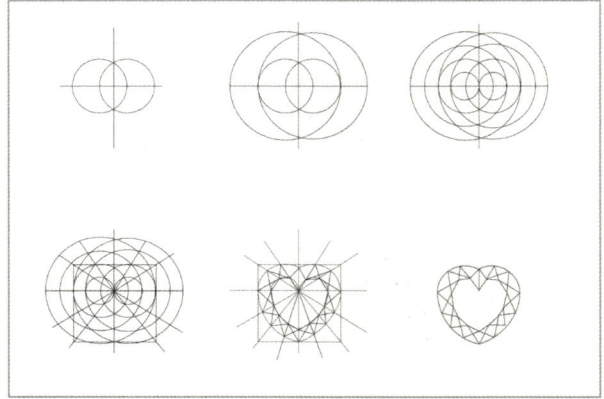

图3-63　心形钻石切工

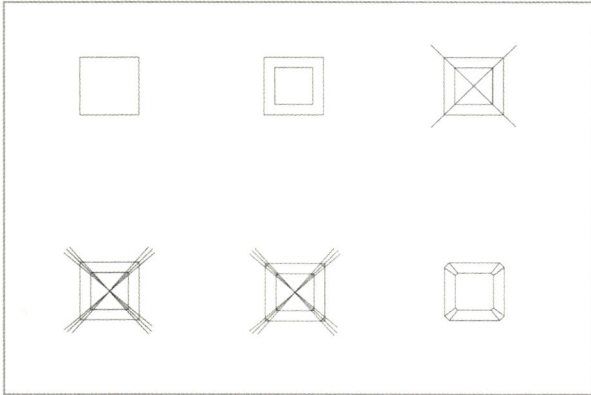

图3-64　正方形简易切工

图3-65　长方形简易切工（祖母绿切工）

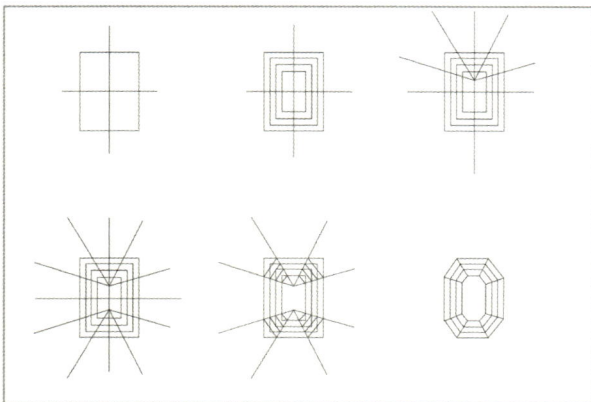

图3-66　垫形简易切工

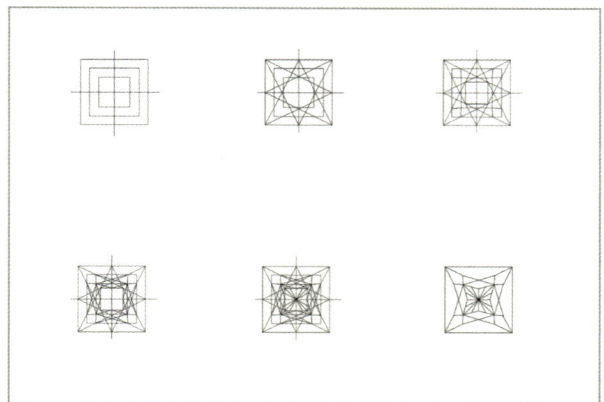

图3-67　公主方切工

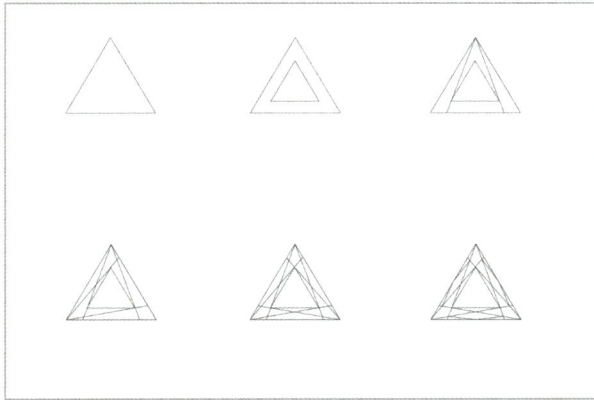

图3-68　三角形简易切工

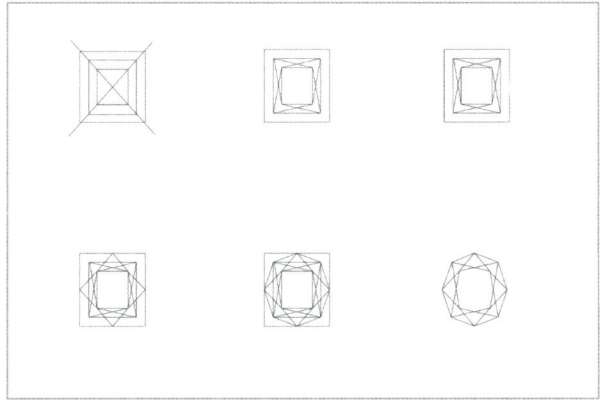

图3-69　垫形宝石切工

第三模块：宝石镶嵌的知识

镶，就是固定外边缘，把一个物件放到另一个物件上。

嵌，指的是放进空隙去卡住。

镶嵌，就是把一个东西塞到一个空隙里，再通过外边缘的固定让它不易脱落。

宝石镶嵌分类示意图见图3-70。

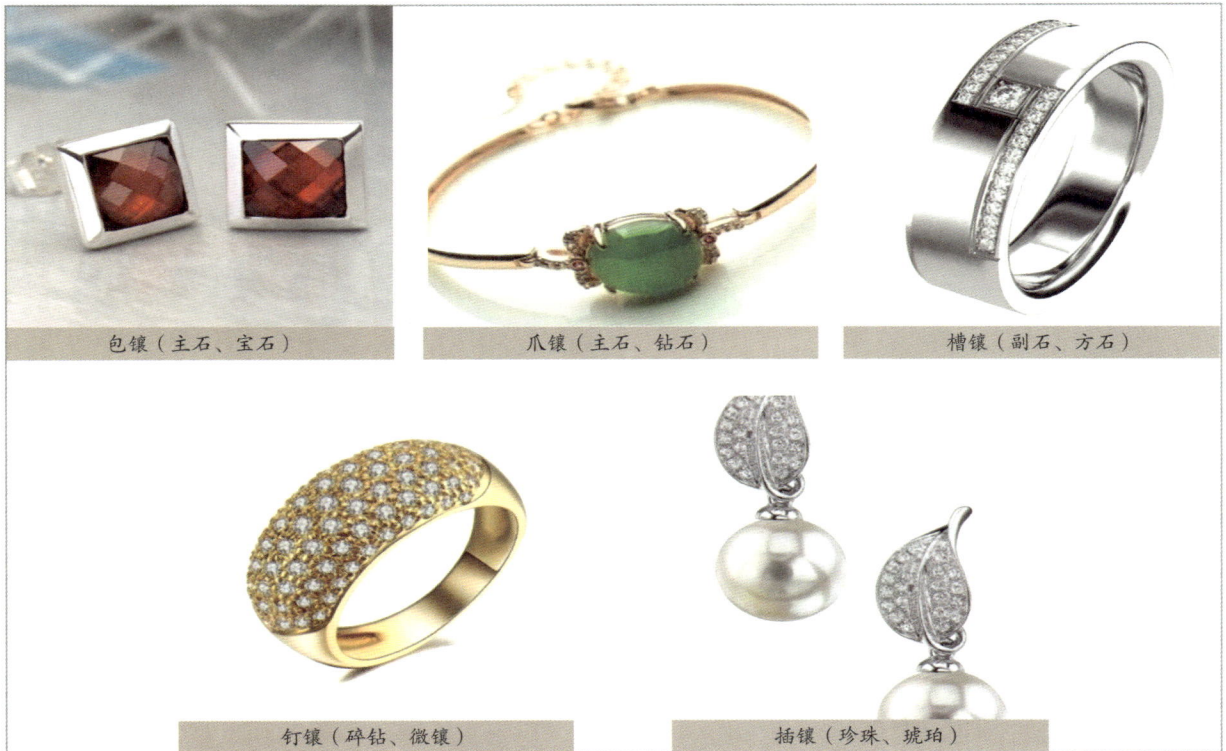

包镶（主石、宝石）　　爪镶（主石、钻石）　　槽镶（副石、方石）

钉镶（碎钻、微镶）　　插镶（珍珠、琥珀）

图3-70　宝石镶嵌分类示意图

一、包镶

包镶也称包边镶，是用金属边把宝石四周围住的一种镶嵌方法。这种方法是镶嵌方法中较为稳固的方法之一，也是较为常用的镶嵌方法。（图3-71至图3-76）

优点：视觉上很有安全感，款式多变。

缺点：如果是钻石，一般少用这种方法，包得严严实实只露个顶部，光线反射不出多少，显得光泽度不够。

图3-71　圆形弧面绿松石包镶示意图　　　　图3-72　方形刻面翡翠包镶示意图

图3-73　不规则水晶包镶示意图　　　图3-74　绿松石包镶示意图　　　图3-75　包镶截面示意图

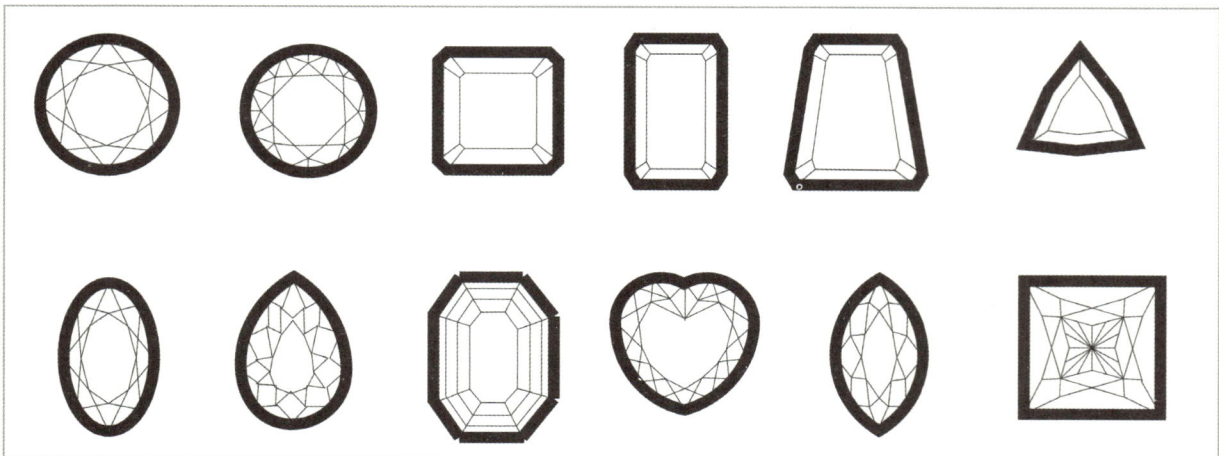

图3-76　各种宝石包边的形态示意图

二、爪镶

爪镶：用金属齿嵌紧宝石的方法。传统的爪镶也称为"齿镶"，是将金属齿向宝石方向弯下，而"抓紧"宝石，主要用于弧面形、方形、梯形、随意形宝玉石的镶嵌；现代的爪镶是在镶爪内侧车一个卡位，将宝石卡住，主要用于圆形、椭圆形等刻面宝石的镶嵌。

根据金属镶爪的数量不同，爪镶可分为二爪镶、三爪镶、四爪镶、多爪镶等，常见的是四爪镶。（图3-77至图3-81）

图3-77　四爪镶心形蓝宝石示意图　　图3-78　八爪镶圆形黄钻示意图　　图3-79　爪镶不规则蓝玉髓示意图　　图3-80　爪镶不规则黄水晶示意图

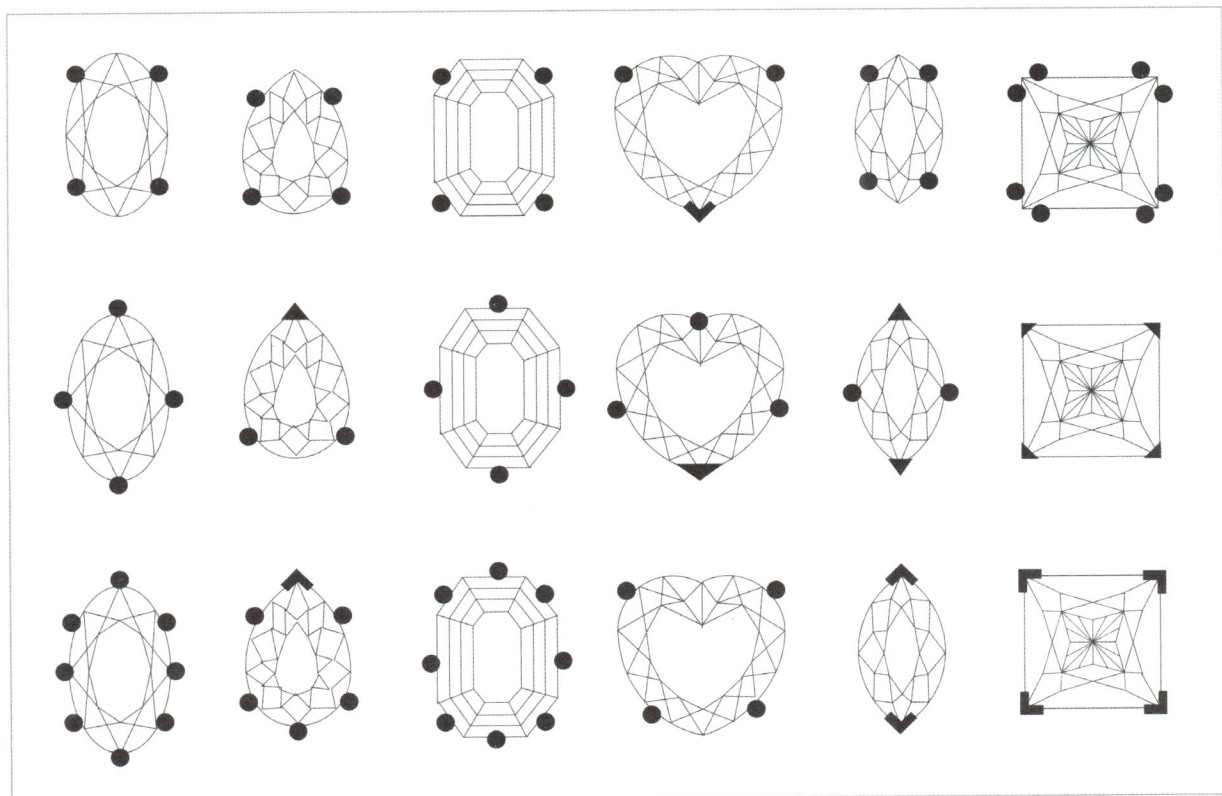

图3-81　各种爪镶的常用位置图

三、槽镶

槽镶又称为轨道镶、卡镶、夹镶或壁镶，它是在镶口两侧车出槽位，将宝石放进槽位中，并打压牢固的一种镶嵌方法。

高档首饰的副石镶嵌常用此法。另外一些方形、梯形钻石用槽镶法来镶嵌，效果极佳。（图3-82、图3-83）

图3-82　槽镶黄钻示意图

图3-83　槽镶条石示意图

四、钉镶

钉镶这种工艺是直接在金属材质的边缘上用工具铲出几个小钉，将宝石固定在这些小钉上。这样一来，在表面上不会看到任何固定宝石的金属爪，但紧密地排列着的宝石仍然很牢固地套在金属的榫槽内。因为没有金属的包围与遮挡，宝石更能反射光线。钉镶分为单独镶钉和共用镶钉。（图3-84至图3-86）

图3-84
共用镶钉示意图

图3-85
单独镶钉示意图

图3-86
共用镶钉的几种位置
示意图

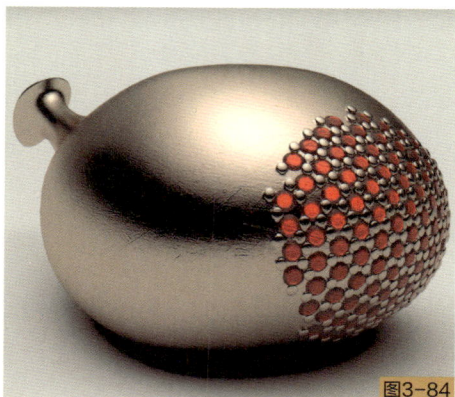

图3-84

图3-85

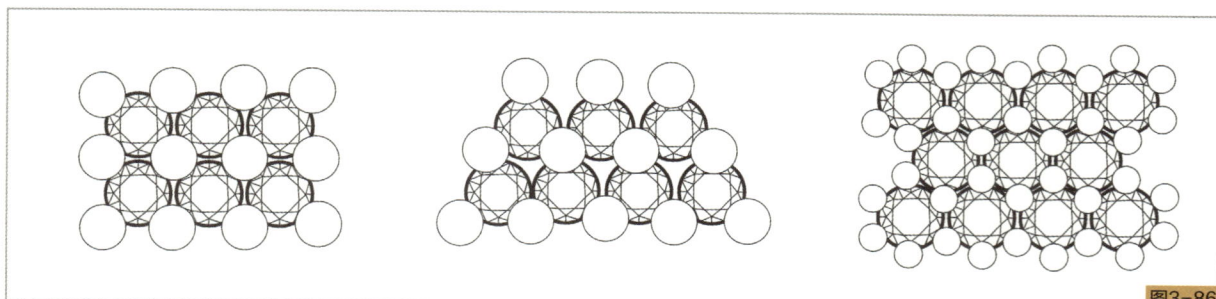

图3-86

五、插镶

插镶这种工艺主要用于有机宝石，如珍珠与琥珀（主要因为这些有机宝石比较轻），它是在一个碟形的金属"碗"中间，垂直伸出一根金属插针，以插入钻有小孔的珍珠或琥珀中，让宝石被固定。

因为没有了对宝石的任何遮挡，宝石的造型与光芒得到一览无余的展示。（图3-87、图3-88）

图3-87　插镶琥珀示意图

图3-88　插镶珍珠示意图

宝石镶嵌知识点总结：我们学习了珠宝几种基本的镶嵌方法和各自的特点，掌握了镶嵌的结构画法，懂得了结构，就可以按照项目要求设计并画出宝石的镶嵌示意图。

这其中，最重要也最常用的还是爪镶和包镶，基于首饰绘图等比例的要求，其他几种画法用得很少。

第四模块：宝石的特性

宝石有很多特性，但对于首饰设计专业人员来说，我们只需要考虑它的重量和光亮度。这里的重量取决于宝石的密度，光亮度取决于宝石的折射率。下文借用鉴定专家黄旭老师的资料，整理成一张表格（表3-2），把专业的矿物名称都改成了俗称，方便初学者参考使用。

表3-2　常用宝石密度及折射率表

宝石名称	密度（克/立方厘米）	折射率	宝石名称	密度（克/立方厘米）	折射率
塑料	1.05～1.55	1.46～1.70	葡萄石	2.80～2.95	1.63±
琥珀	1.08±	1.54±	贝壳	2.86±	1.530～1.685
玳瑁	1.29±	1.55±	独山玉	2.90±	1.56～1.70
煤精	1.32±	1.66±	和田玉	2.95±	1.60～1.61
珊瑚	1.35～2.65	1.486～1.658	天蓝石	3.09±	1.612～1.627
象牙	1.70～2.00	1.54±	碧玺	3.06±	1.624～1.644

（续表）

宝石名称	密度（克/立方厘米）	折射率	宝石名称	密度（克/立方厘米）	折射率
硅孔雀石	2.0～2.4	1.5±	萤石	3.18±	1.434±
欧泊	2.15±	1.37～1.47	莫桑石	3.22±	2.648～2.691
玻璃	2.3～4.5	1.47～1.70	橄榄石	3.34±	1.654～1.690
寿山石	2.5～2.7	1.56±	翡翠	3.34±	1.66±
硅化木	2.50～2.91	1.54±	石榴石	2.5～4.3	1.71～1.96
岫玉	2.57±	1.56～1.57	钻石	3.52±	2.417±
月光石	2.58±	1.518～1.526	托帕石	3.53±	1.619～1.627
玉髓	2.6±	1.53±	尖晶石	3.6±	1.718±
鸡血石	2.61±	地1.56 血1.81	蓝晶石	3.68±	1.716～1.731
珍珠	2.61～2.85	1.530～1.685	金绿宝石	3.73±	1.746～1.755
日光石	2.65±	1.537～1.547	天青石	3.87～4.30	1.619～1.637
青田石	2.65～2.90	1.53～1.60	锆石	3.90～4.73	1.810～1.984
玛瑙	2.66±	1.544～1.553	孔雀石	3.95±	1.655～1.909
方解石	2.7±	1.486～1.658	红宝石	4±	1.762～1.770
大理石	2.7±	1.486～1.658	蓝宝石	4±	1.762～1.770
海蓝宝石	2.72±	1.577～1.583	合成金红石	4.26±	2.616～2.903
祖母绿	2.72±	1.577～1.583	重晶石	4.5±	1.639～1.648
青金石	2.75±	1.5±	赤铁矿	5.2±	2.94～3.22
绿松石	2.76±	1.61±	合成立方氧化锆	5.8±	2.15±
			锡石	6.95±	1.997～2.093

注：此表格是为了让大众可以直接拿来用，所以把标准的矿物学名称都改成了市面常用俗称。比如岫玉的主要成分是蛇纹石，仍记为岫玉；玛瑙的主要成分是石英，仍记为玛瑙；和田玉属于软玉，仍记为和田玉。

常见的仿钻，有莫桑石、锆石及人工合成的合成立方氧化锆。"合成立方氧化锆"不是钻石，成分不一样。现代科技可以人工合成真正的钻石，但市面上不常见。当然，也有用玻璃或者塑料仿造的，那不在这个讨论行列。

第三节　材质工具箱

什么叫材质？就是材料和质感的结合，说白了就是指物体看起来的样子，包括是什么颜色，有什么纹理，表面光不光滑，透明度怎样，反光度如何，可不可以把光线折射出来等。正是有了这些属性，才能让我们识别各种材料的不同。所谓材质表现，就是把这些不同的特征画出来。

表现立体感，首先得定好主要的光源，就和拍照一样，主光源不能是正面来的，大平光是最不能体现立体感的，背光更不能用，那样更看不清样子了。我们得用侧光，斜侧面的光容易分出亮面、暗面、明暗交界线和投影。大家一般用右手画图，所以习惯左上角来光，画着顺手。

我们把材质分为四个模块，包括"规则宝石材质的表现""不规则宝石材质的表现""贵金属材质的表现""其他首饰材质的表现"。各位可以根据需求参考学习。

第一模块：规则宝石材质的表现

下面我们从最简单的开始练习。

水彩画法的简易表现如下：

绘图材料：水彩颜料、中细纹的水彩纸、铅笔、碳素铅笔。

特点：色彩透明，画面清爽，上色步骤由浅入深，高光是靠留白表现，缺点是不易深入刻画。

注意：调水要适度，水太少，颜料化不开用笔干涩，失去了水彩清透的效果；水太多，不好控制，色度不够。

一、两种单色的宝石画法

先用铅笔起稿，并画出宝石刻面。主要刻面线条不能画太重，水彩是透明颜料，没有覆盖力。（图3-89）

图3-89　绿色宝石水彩画法步骤图一

按照左上角来光的设定，用小号毛笔蘸草绿色调水平涂，注意要留出高光的位置。水彩画起来要胆大心细，不能一点一点描摹，也不能画错，要一气呵成。（图3-90）

用勾线笔调翠绿及一点普兰，加深高光附近及明暗交界线转折的刻面，注意留出高光的位置；然后用炭笔加一点投影，注意投影不要贴着宝石，要留一点距离，显示宝石透光的特点；最后用纸擦笔涂匀。（图3-91）

画投影要用炭笔，不能用铅笔，因为铅笔色调容易有反光，影响效果。

红色宝石的材质和表现也是这个步骤。（图3-92）

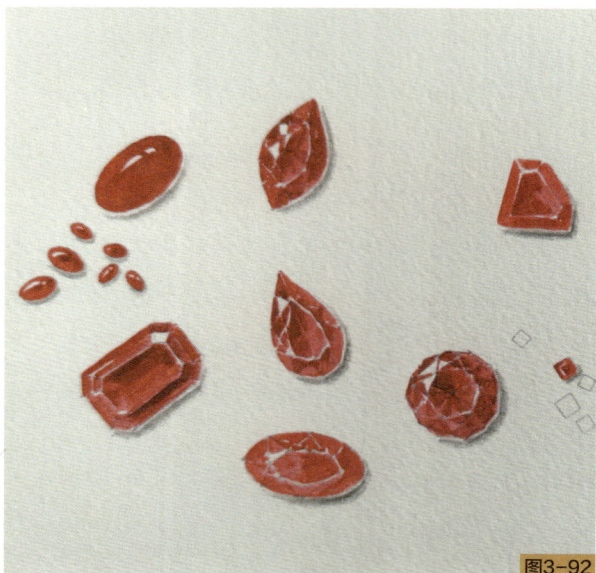

图3-90　绿色宝石水彩画法步骤图二

图3-91　绿色宝石水彩画法步骤图三

图3-92　红色宝石水彩画法步骤图四

二、常用弧面宝石材质的画法

绘图材料：240克深灰色卡纸、水粉颜料、画笔（小号的兼毫毛笔用来上色，极细的毛笔用来提高光）、彩色铅笔（用来补充细节）。

水粉画法的综合表现如下：

特点是水粉颜料可以覆盖，色彩浑厚，上色步骤由深到浅，可以结合其他材料深入表现，最后提高光，效果逼真。

注意不要画得太厚，太厚颜料容易堆砌，无法刻画；要有耐心，一遍一遍地罩染。

弧面宝石很好画，分透明和不透明的。不管它透明不透明，我们先定好弧面的明暗交界线，然后整体涂固有色（固有色就是宝石本来的颜色），接下来，要把透明的宝石亮面加深（透明宝石亮面受底层反光少而且受到高光的对比就显得深一些），不透明的宝石亮面就不用加深。然后把明暗交界线加深，再把反光加亮，接着画投影，最后点高光，高光要跟着结构走。（图3-93至图3-102）

翡翠画法步骤如下：

（1）这是翡翠戒面，一般翡翠都有一些杂质，那第一步就要先用草绿铺底色，切记：毛笔要沿着外边缘往里面画，画不匀没关系，受光面的颜色浓，背光面要画得浅一些、透一些。

（2）用深绿画出明暗交界线。

（3）深入刻画，用黄色铅笔加一点反光，用极细毛笔蘸纯白沿着亮面弧形结构提高光，再加上偏绿色的投影，在投影内部用白色铅笔加一点宝石对纸面的反光，就完成了。

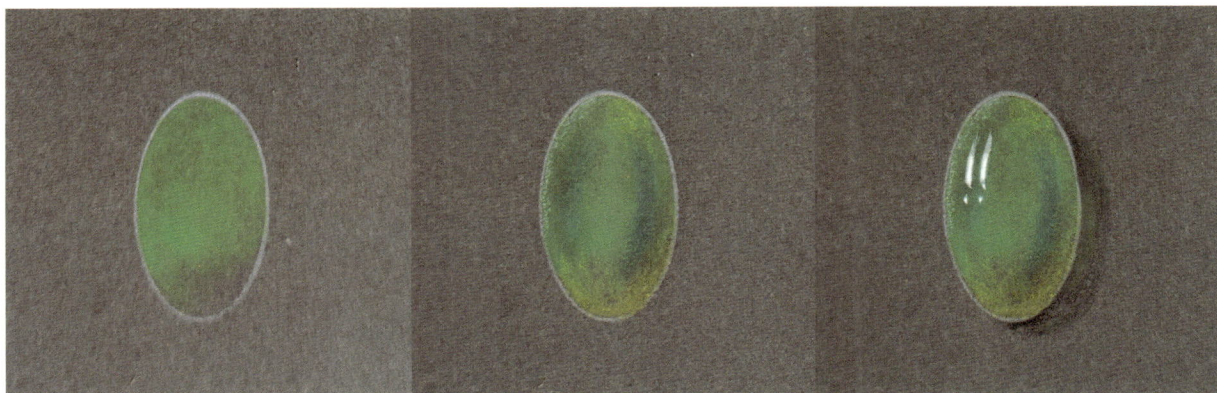

图3-93 翡翠画法步骤图

托帕石画法步骤如下：

（1）用深红、橘红和橘黄按照受光面的过渡铺底色。

（2）用彩铅画出反光。

（3）画出高光和投影，投影也要画出透过宝石的色光。

图3-94 托帕石画法步骤图

蓝晶石画法步骤如下：

（1）用深蓝铺底色。

（2）用极细勾线笔或者彩铅认真画出内部的浅蓝色线。

（3）画出高光和投影，完成。

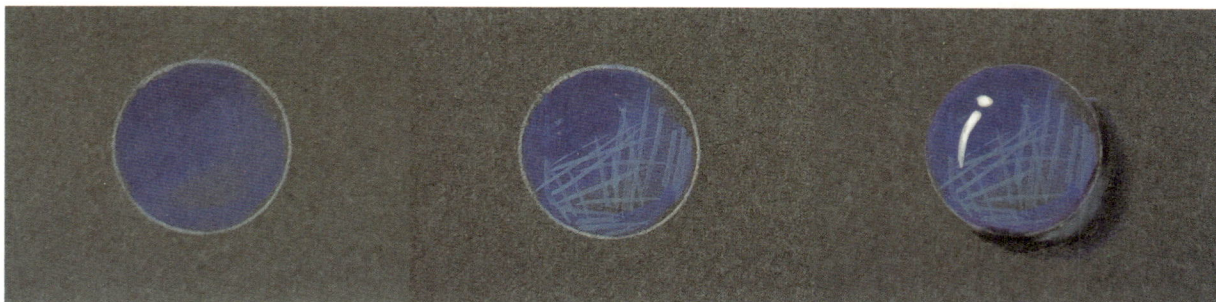

图3-95　蓝晶石画法步骤图

黑色星光石画法步骤如下：

（1）用纯黑铺底色，背光面要画得浅一些、透一些。

（2）用白色铅笔画出星光及反光。

（3）画出高光和投影，完成。

图3-96　黑色星光石画法步骤图

猫眼石画法步骤如下：

（1）用赭石铺底色。

（2）用彩铅画出深棕、橘红的过渡色，土黄画反光。

（3）纯白画出猫眼光带和高光，画出投影，完成。

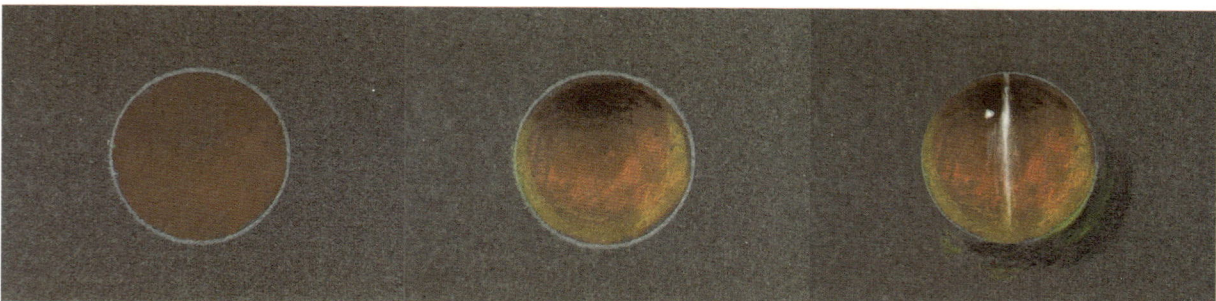

图3-97　猫眼石画法步骤图

玉髓画法步骤如下：

（1）玉髓的颜色比翡翠更均匀。

（2）高光部分加深，用彩铅加一点反光。

（3）用纯白画出高光和投影，完成。

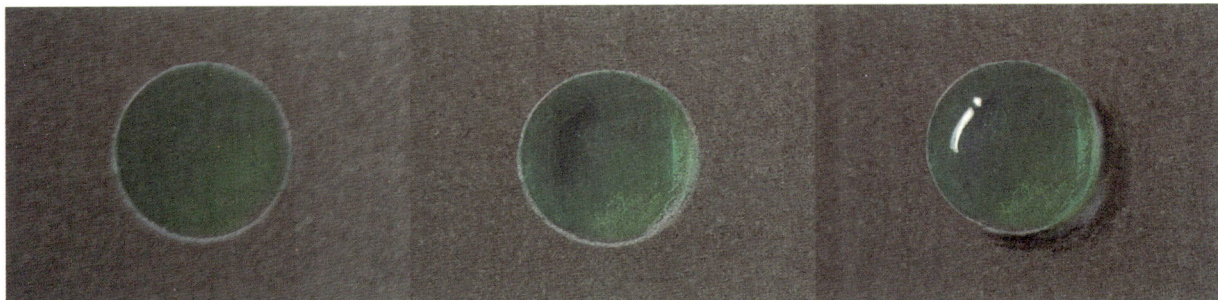

图3-98 玉髓画法步骤图

月光石画法步骤如下：

（1）用湖蓝色加白铺底色，高光面用天蓝加深。

（2）用彩铅加深高光面并画出反光，月光石反光很强，要加强。

（3）画出高光和投影，完成。

图3-99 月光石画法步骤图

珍珠画法步骤如下：

（1）用灰紫色铺底。

（2）用彩铅画出球面的明暗交界线，周边用少许暖灰色。

（3）用彩铅画出高光和投影，完成。

图3-100 珍珠画法步骤图

欧泊画法步骤如下：

（1）用纯黑铺底色，冷灰色画反光面。

（2）用纯色画出欧泊的内部彩色花纹。

（3）暗面用彩铅连同花纹一起加深，对于这种内部有花纹肌理的宝石，只要顺着结构加上高光就能表现出来。

图3-101　欧泊画法步骤图

火欧泊画法步骤如下：

（1）用赭石和褐色画出明暗关系。

（2）画出纯色花纹。

（3）画出高光和投影，完成。

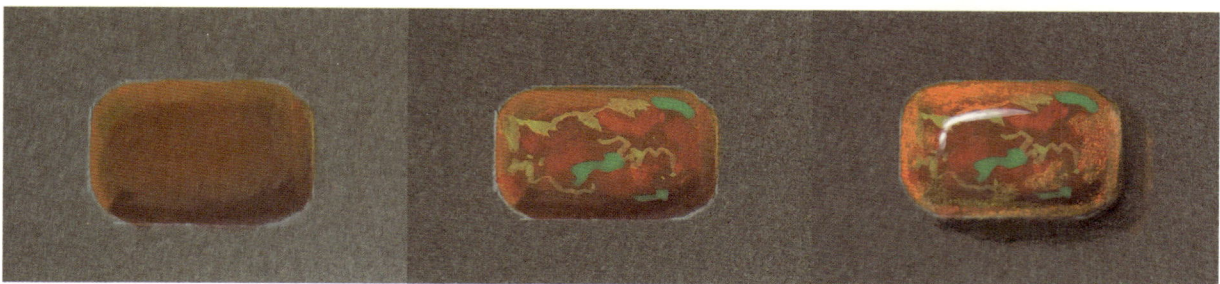

图3-102　火欧泊画法步骤图

三、常用刻面宝石材质的画法（图3-103至图3-114）

圆形红宝石（钻石型切工）画法步骤如下：

（1）用大红色铺底色，这一步和弧面宝石相同，笔要切着外边缘画，里面画不匀没关系，受光面的颜色要浓，背光面要画得浅一些、透一些，再用线认真画出刻面。

（2）深入刻画，红宝石的基础色是冷红，即大红、玫红、深红、粉白。按照刻面的分布，高光面用白加大红高光表现，周边的面用深红表现，高光的线要用纯白表现。

（3）画投影，因宝石的底面是尖底，所以投影会顺着光照的方向向右下偏移。投影中间深、边缘浅，受宝石颜色的影响，投影隐约泛红色，投影中心会有透过来的光，泛白色。

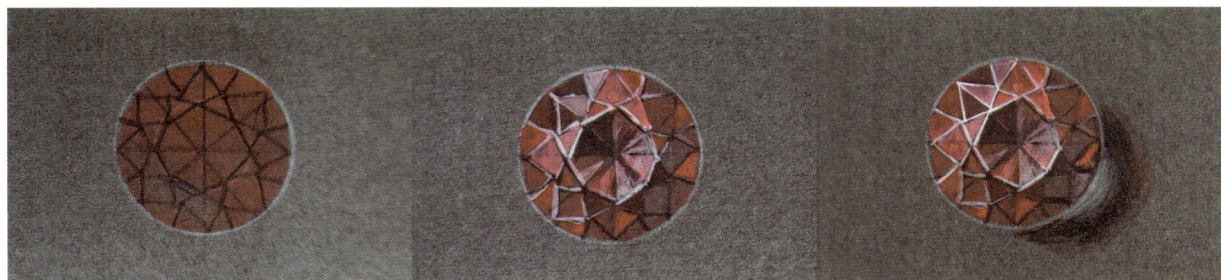

图3-103　圆形红宝石（钻石型切工）画法步骤图

圆形蓝宝石（十心十箭钻石型切工）画法步骤如下：

（1）用群青色铺底色，切记：笔要切着外边缘画，里面画不匀没关系，受光面的颜色要浓，背光面要画得浅一些、透一些。认真画出刻面，不同于标准钻石切工的八面，十心十箭有十个面。

（2）深入刻画，蓝宝石的基础色是群青、深蓝、冷白色。按照刻面的分布，高光面用白加群青表现，高光周边的面用深蓝表现，高光的线要用纯白表现。

（3）画投影，因宝石的底面是尖底，所以投影会顺着光照方向向右下偏移。投影中间深、边缘浅，受宝石颜色的影响，投影隐约泛蓝色，投影中心会有透过来的光，泛白色。

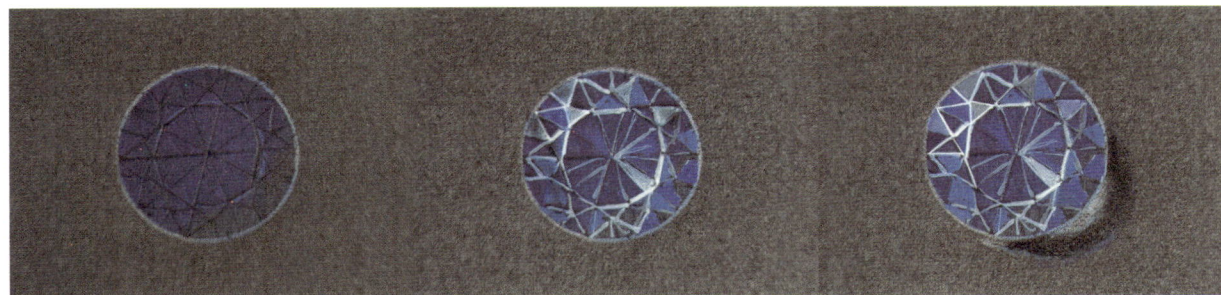

图3-104　圆形蓝宝石（十心十箭钻石型切工）画法步骤图

圆形钻石（千禧钻石型切工）画法步骤如下：

（1）用浅灰色铺底色，认真画出刻面。"千禧钻石型切工"是对钻石等宝石进行加工的一种切刀方法，属于特殊的花式切工，因其拥有1000个刻面而得名。这种切工可以把宝石的光彩发挥到极致，像是火焰一般闪闪动人。

（2）深入刻画，钻石的基础色就是白与黑搭配少许灰。按照刻面的分布，高光面用纯白表现，高光周边的面用纯黑表现，高光的线要用纯白表现，这样对比才能画出千禧钻石型切工的璀璨，千禧钻石型切工的特点是在下方切面很多，折射出的效果就是光面很碎小，要在主观上把切面分细。

（3）画投影，因钻石的底面是尖底，所以投影会顺着光照方向向右下偏移。投影中间深、边缘浅，投影中心会有透过来的光，泛蓝白色。

图3-105　圆形钻石（千禧钻石型切工）画法步骤图

椭圆形石榴石（钻石型切工）画法步骤如下：

（1）用朱红色铺底色，认真画出刻面，椭圆形钻石型切工是圆形的拉长。

（2）深入刻画，石榴石的基础色是朱红色、深红色、棕红色，与红宝石的颜色区别是石榴石颜色偏暖，红宝石颜色偏冷。按照刻面的分布，高光面用白色加朱红色表现，高光周边的面用深红色、棕红色表现，高光的线要用纯白色表现。

（3）投影中间深、边缘浅，受宝石颜色的影响，投影隐约泛红色，投影中心会有透过来的光，泛红白色。

图3-106　椭圆形石榴石（钻石型切工）画法步骤图

垫形海蓝宝石（钻石型切工）画法步骤如下：

（1）用天蓝色铺底色，认真画出刻面，垫形钻石型切工是介于圆形和椭圆形之间的拉长。

（2）深入刻画，海蓝宝石主要用色为天蓝色、湖蓝色及白色加群青色。按照刻面的分布，高光面用白色加群青色表现，高光周边的面用深蓝色、天蓝色表现，高光的线要用纯白色表现。

（3）投影中间深、边缘浅，受宝石颜色的影响，投影隐约泛蓝色，投影中心会有透过来的光，泛白色。

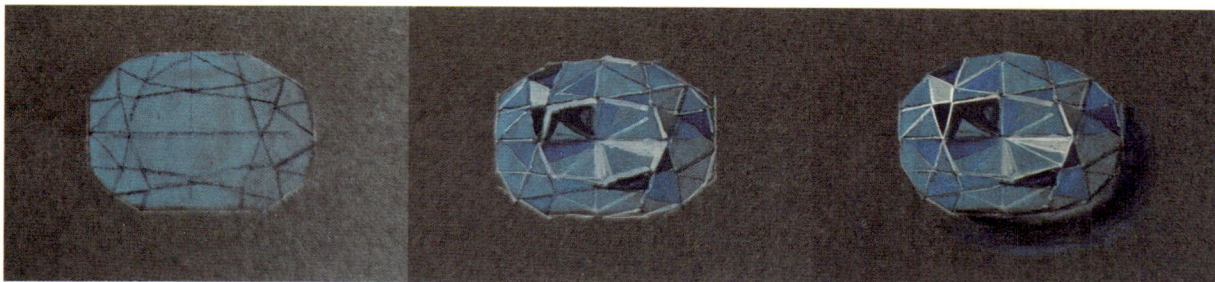

图3-107　垫形海蓝宝石（钻石型切工）画法步骤图

橄榄形黄水晶（钻石型切工）画法步骤如下：

（1）用土黄色铺底色，认真画出橄榄形刻面。

（2）深入刻画，黄水晶的基础色是土黄、中黄、橘黄等暖黄色。

（3）投影中间深、边缘浅，受宝石颜色的影响，投影隐约泛黄色，投影中心会有透过来的光，泛白色。

图3-108　橄榄形黄水晶（钻石型切工）画法步骤图

水滴形金绿宝石（钻石型切工）画法步骤如下：

（1）用黄绿色铺底色，认真画出水滴形刻面。

（2）深入刻画，金绿宝石的基础色是柠檬黄、浅绿、草绿。

（3）投影中间深、边缘浅，受宝石颜色的影响，投影隐约泛黄绿色，投影中心会有透过来的光，泛白色。

图3-109　水滴形金绿宝石（钻石型切工）画法步骤图

方钻（公主方型切工）画法步骤如下：

（1）用冷灰色铺底，公主方是专用切工，要认真画出刻面。

（2）深入刻画，钻石就是黑白对比加一点灰色。

（3）加深黑色，用纯白画出高光，加上投影完成。

图3-110　方钻（公主方型切工）画法步骤图

方形彩色蓝宝石（简易型切工）画法步骤如下：

（1）刚玉，除了红宝石外，其他彩色的都属于蓝宝石，只不过非蓝色的叫彩色蓝宝石，这里是一个粉色的彩色蓝宝石，那就用粉色铺底，画出简易刻面。

（2）深入刻画，基础色是明度不同的粉红色。

（3）投影中间深、边缘浅，受宝石颜色的影响，投影隐约泛红色，投影中心会有透过来的光，泛白色。

图3-111　方形彩色蓝宝石（简易型切工）画法步骤图

心形紫水晶（钻石型切工）画法步骤如下：

（1）用紫红色铺底色，背光面要画得浅一些、透一些，认真画出心形刻面。

（2）深入刻画，紫水晶的基础色是紫红、蓝紫、灰紫，亮面纯度高，暗面纯度低。

（3）投影中间深、边缘浅，受宝石颜色的影响，投影隐约泛紫色，投影中心会有透过来的光，泛白色。

图3-112　心形紫水晶（钻石型切工）画法步骤图

长方形祖母绿（简易型切工中的祖母绿专用切工）画法步骤如下：

（1）用翠绿色铺底色，画出祖母绿刻面。

（2）深入刻画，祖母绿就是单色翠绿，按照明暗画出亮面和反光就行。

（3）投影中间深、边缘浅，受宝石颜色的影响，投影隐约泛翠绿色，投影中心会有透过来的光，泛白色。

图3-113　长方形祖母绿（简易型切工中的祖母绿专用切工）画法步骤图

牛头形碧玺（简易型切工）画法步骤如下：

（1）用翠绿、浅绿和玫红浅浅地铺底色，认真画出刻面。

（2）深入刻画。

（3）画出高光和投影，完成。

图3-114 牛头形碧玺（简易型切工）画法步骤图

第二模块：不规则宝石材质的表现

绿松石的特点是不透明，所以可以明确地画出素描结构关系。颜色蓝中偏绿，绿中偏蓝，表面还有黑褐色的细线纹路，掌握这些特点，画起来难度不大。（图3-115）

图3-115 绿松石画法步骤图

琥珀这种内部有物的高透宝石，都是一个画法：铺色要清淡，画出里面的包裹体，高光和明暗交界线与里面的东西无关，照着外结构画就能画出透明感。（图3-116）

图3-116 琥珀画法步骤图

巴洛克珍珠是不透明的，而且表面色泽很丰富，所以要把控造型结构，色彩丰富一些就能表现。（图3-117）

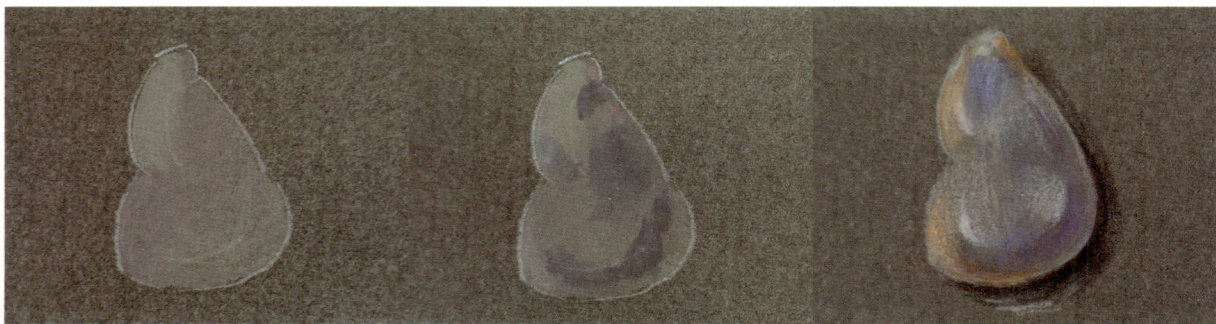

图3-117　巴洛克珍珠画法步骤图

和田玉微透明，色泽白灰色偏暖，内部杂质不均匀，所以铺底色的时候要先把内部的颗粒感画出来，最后用彩铅均匀罩上白色即可。（图3-118）

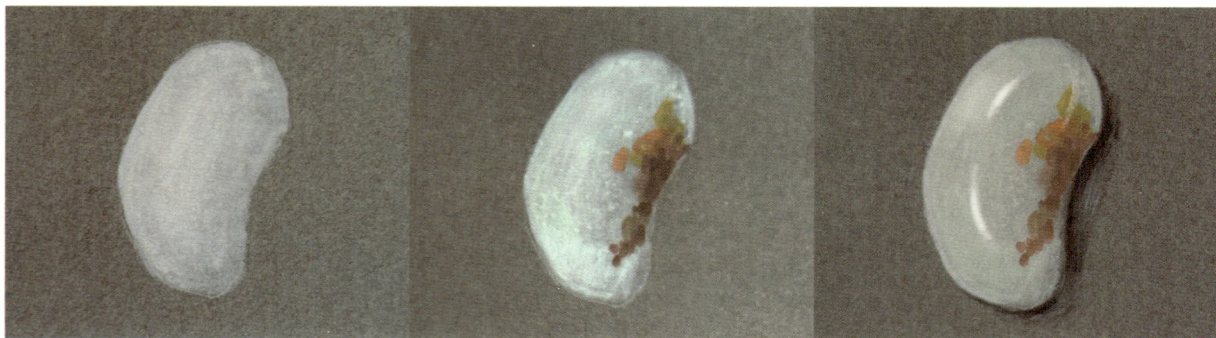

图3-118　和田玉画法步骤图

玛瑙表面光滑并微透明，纹理要画得清晰，高光及反光画得明确就能表现出质感。（图3-119）

图3-119　玛瑙画法步骤图

发晶和琥珀的画法相似，只不过更透明，所以画的时候里面的纹理要清晰，高光要亮，才能画出高透效果。（图3-120）

图3-120　发晶画法步骤图

高级别的翡翠雕件是很透明的，还有不规则的翠色分布，所以画起来很简单，主要是通过结构上的高光及反光表现。高透的材质表现都有一个特点：投影面积不大，但靠近结构的颜色却很深。（图3-121）

图3-121　翡翠雕件画法步骤图

红珊瑚画起来难度较小，只要高光够亮，就显得光滑。（图3-122）

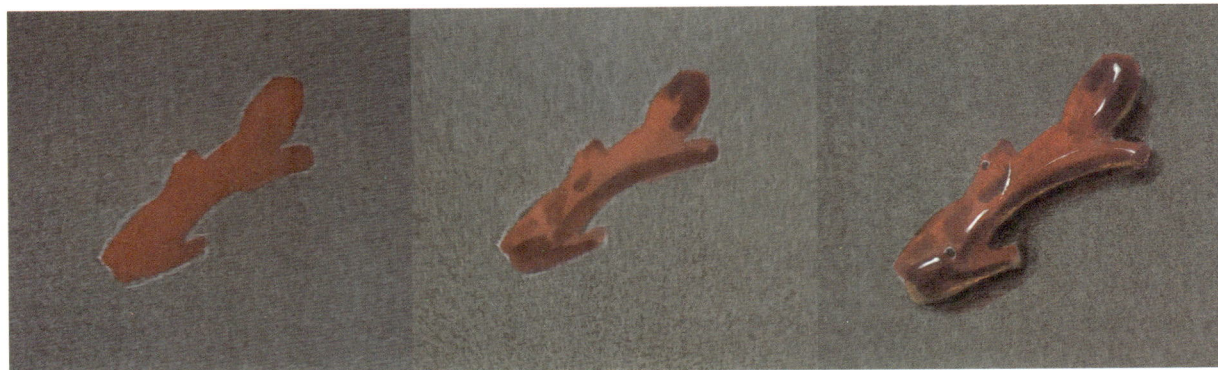

图3-122　红珊瑚画法步骤图

青金石在古代是群青颜料的来源，所以固有色就是群青，表面有金黄色和白灰色的碎点，把握这些特点就能表现出其材质。（图3-123）

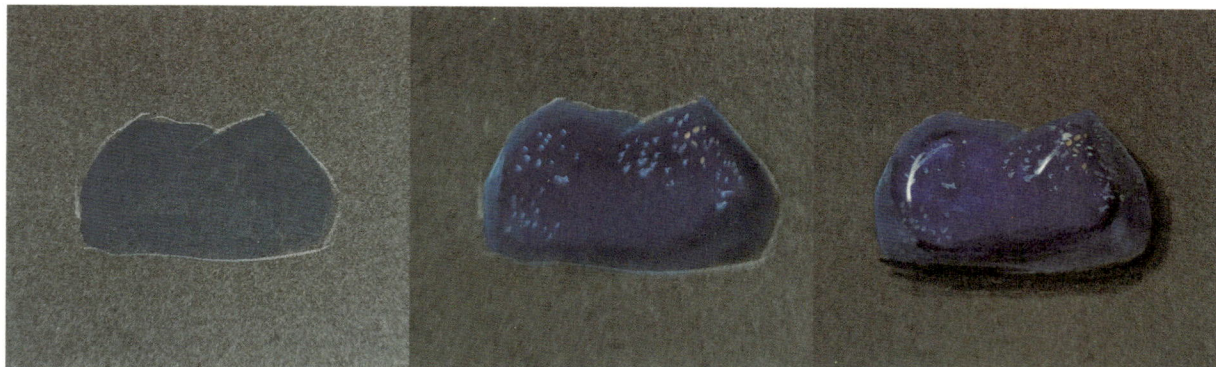

图3-123　青金石画法步骤图

不规则火欧泊看着复杂，无从下手，其实并不难。先铺好各种纯色以后，再画出明暗交界线，这时候即可放心地增加高光和反光，切记投影也是彩色的。（图3-124）

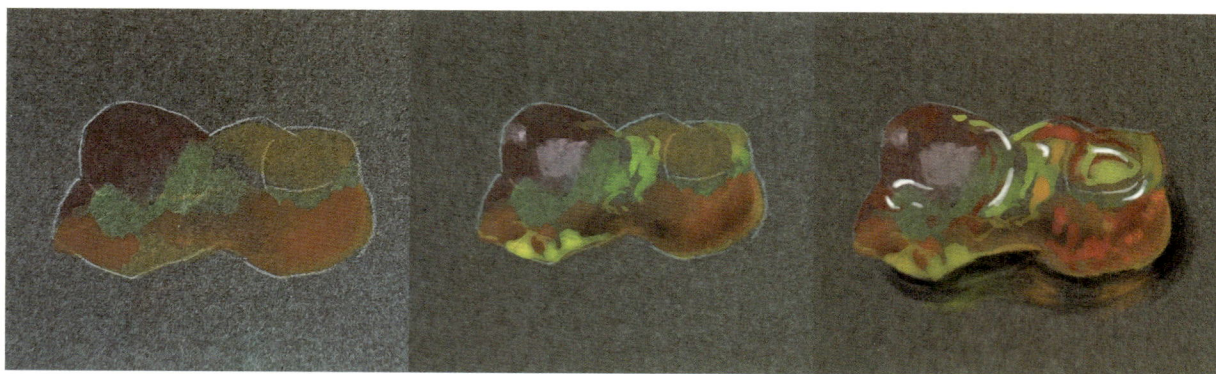

图3-124　不规则火欧泊画法步骤图

孔雀石不透明，并且纹理是规则的、同心放射的，所以铺完底色，画上清晰的花纹后，以素描的手法来画就可以了。（图3-125）

图3-125　孔雀石画法步骤图

宝石级别的方解石是高透的，只不过有内部共生的其他矿物质，所以可参照发晶的绘制方法。（图3-126）

图3-126　方解石画法步骤图

第三模块：贵金属材质的表现

我们从世界名画《戴金盔的男子》中学方法。（图3-127）

大家发现没有：高光并不多，就是说纯白色用得不多。黄色也不多。主要是靠对比表现金盔。怎么画出真实的金属质感？

我们画金属之前要先了解金属材质的特点有哪些。

（1）亮部高光、反光比较强烈，明暗交界线比较清晰。

（2）越光滑的金属表面，高光、反光、明暗交界处，形状边缘越清晰、锋利。

（3）越粗糙的金属表面，颗粒感、材质的体现感越强。

我们用汉代的瓦当纹样——四神作为载体练习金属材质表现。（图3-128）

图3-127　荷兰画家伦勃朗的名作《戴金盔的男子》

图3-128 四神的瓦当拓片图

汉代四神纹是中国传统装饰纹样。中国汉代四神纹即青龙、白虎、朱雀、玄武，也称"四灵纹"，是汉代流行的装饰题材，其流行体现汉人的神仙思想和辟邪求福的观念。四神分别象征着东、西、南、北四个方向和春、秋、夏、冬四个季节。

先用中黄色铺底色，再用赭石色画暗面，熟褐色画明暗交界线；然后受光面用柠檬黄和白色加强，用中黄和柠檬黄画反光；最后按照结构提高光，加深明暗交界线，画上投影完成。（图3-129）

为了着重表现结构，我们减少了环境色反光的影响。

白金是冷白色，所以铺底色要白色加少许群青；然后用灰色画暗面，黑色画明暗交界线；最后画出高光和投影，完成。（图3-130）

图3-129
黄金质感的"青龙"画法
步骤图

图3-130
白金质感的"白虎"画法
步骤图

用灰红色铺底（玫瑰金接近红铜的颜色，但玫瑰金泛冷色），用棕红色分出明暗交界线；反光要提亮，画出高光，按照光源的正方向加深明暗交界线；最后，加上投影完成。（图3-131）

白银和白金质感区别是白银的白偏暖色一些，所以画银首饰的底色是白色偏些微的黄绿色。高光及反光也比白金多，但没有白金强烈。（图3-132）

图3-131
玫瑰金质感的"朱雀"画法步骤图

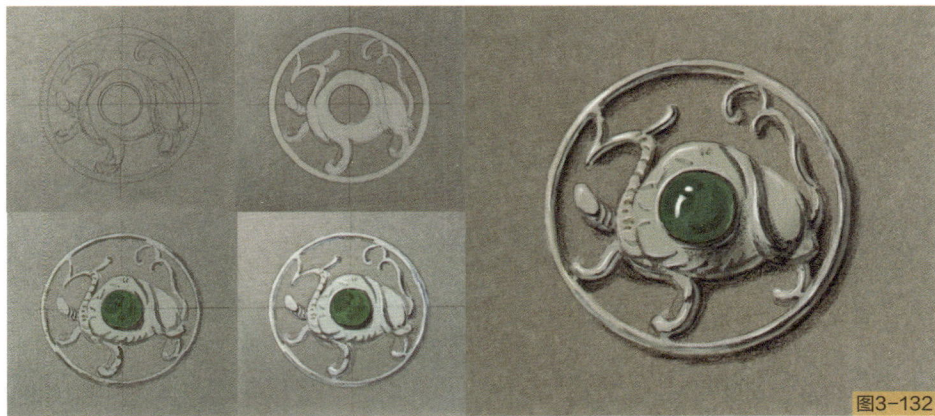

图3-132
白银质感的"玄武"画法步骤图

第四模块：其他首饰材质的表现

红铜又叫紫铜，抛光后呈现红棕色，高光和反光都强烈，有肌理的情况下亮面和反光都很弱，呈现亚光状态。（图3-133）

图3-133 红铜质感首饰画法步骤图

铜锈也常用来做首饰的特殊质感，铜锈是斑驳的蓝绿色，搭配好的话也很有特色。铜锈亮面是亚光的磨砂效果。（图3-134）

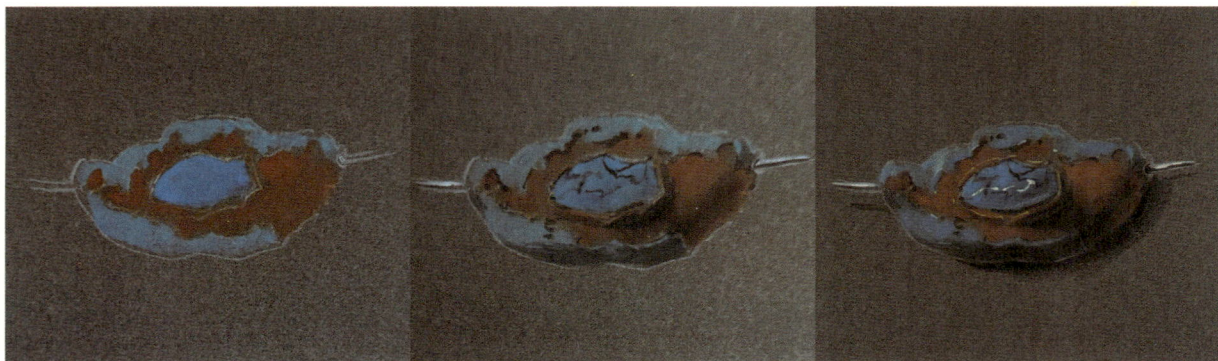

图3-134　铜锈质感首饰画法步骤图

铁，也是古老的首饰材料，基本上是黑灰色，特点是反光效果不强烈，高光效果强烈。（图3-135）

图3-135　铁材质的首饰画法步骤图

抛光后的黄铜接近黄金质感，微小的区别是黄铜偏冷，是以柠檬黄为主的色彩，而黄金更偏中黄一些。（图3-136）

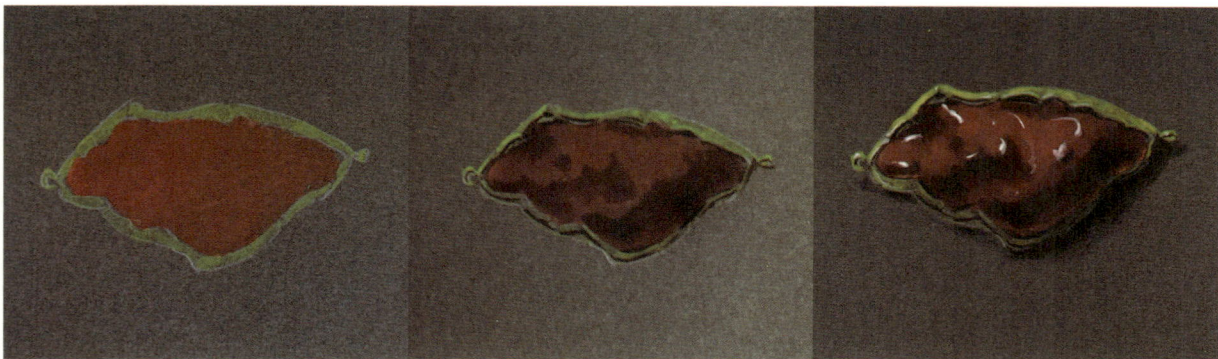

图3-136　黄铜材质的首饰画法步骤图

　　大漆又叫生漆、国漆，是中国传统工艺常用的材料之一。大漆主要特点是以黑色为主的漆面，上面可以做出很多漂亮的彩色纹样和镶嵌工艺，通过打磨抛光，会呈现很漂亮的光泽。所以大漆的高光和反光都很强烈。（图3-137）

图3-137　大漆材质的首饰画法步骤图

　　布料也可以作为现代首饰的一种材料，布料的特点是纹理清晰，明暗面都基本没有反光。（图3-138）

图3-138　布纹材质的首饰画法步骤图

　　瓷也可以作为首饰的一种材料，表面有光滑的釉料，所以高光较强，但不像金属那么集中，也没有金属反差那么大。画的时候也是先把表面的纹饰画出来再整体画明暗面，这样花纹就会含在釉层的下面。（图3-139）

图3-139　瓷材质首饰画法步骤图

木头做首饰显得很朴素，画的时候先铺底色，然后画出木纹，在这个基础上画明暗关系就行了。木头没有强烈的光泽感，比较雅致，反光也是微微有一点，很容易表现。（图3-140）

图3-140 木材质的首饰画法步骤图

纯透明的玻璃材质其实不好表现，因为它的造型受折射、反射的光线影响，较难把握，所以我们画的时候要主观处理，省略部分光效，纯白的高光都顺着结构走，再用灰白色勾勒外轮廓，最后加上投影，就能表现出效果了。（图3-141）

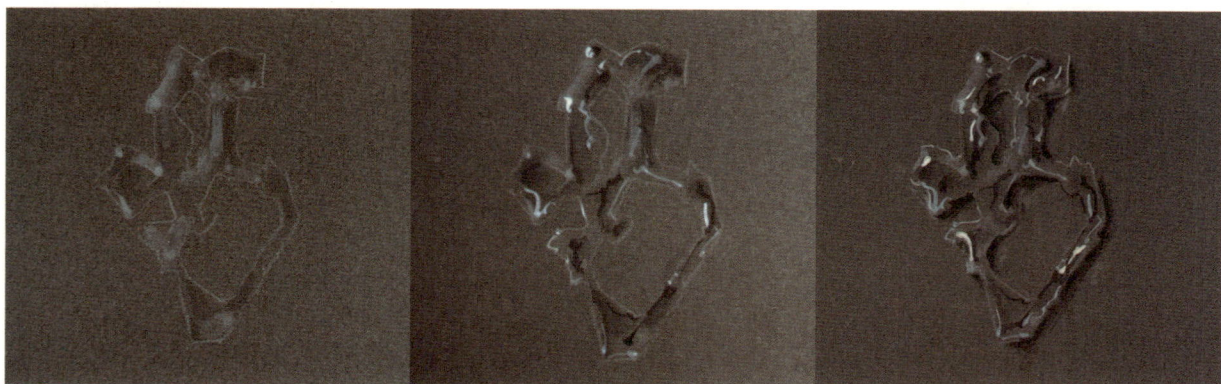

图3-141 玻璃材质首饰画法步骤图

第五模块：色彩心理学在首饰设计中的应用

色彩心理学是艺术设计各专业都要掌握的必备知识。

物体的色彩对人们的视觉形成刺激，这种刺激会反映到心理层面，从而由知觉到记忆、感情、思想、意志、象征等影响人的心理状态。色彩的应用，很重视这种因果关系，即由对色彩的经验积累而变成对色彩的心理规范，当受到什么色彩刺激后能产生什么心理反应，都是色彩心理学所要探讨的内容。

在不同的年代、不同的意识形态、不同的领域，人们可能有着不同的颜色喜好。但是人类共有的生理机制和类似的外部刺激，使得色彩在心理上的作用也是大同小异。这也为了解一个人的内心提供了突破口，让我们可以通过颜色看懂他人。所以，色彩心理学在首饰设计中的应用很重要。

下面是常用色彩在首饰中的应用。

黑色：象征权威、高雅、低调、创意，也意味着执着、冷漠、防御。黑色为大多数行政人员或白领专业人士所喜爱，当你需要彰显权威，表现专业，展现品位，不想引人注目或想专心处理事情时，可以考虑佩戴黑色首饰。（图3-142）

灰色：象征诚恳、沉稳、考究。其中的铁灰、炭灰、暗灰，在无形中散发出智能、成功、权威等信息；中灰与淡灰则带有哲学家的沉静。灰色首饰必须要做工考究，如果工艺不到位就会显得很廉价。灰色在权威中带着精确，特别受金融业人士喜爱。当你需要表现智能、成功、权威、诚恳、认真、沉稳等状态时，可以考虑灰色配饰。（图3-143）

白色：象征纯洁、神圣、善良、信任与开放，如白色的珍珠、白玉首饰。白色是贵金属常用色，分冷白色和暖白色。冷白色如铂金、K白金等显得高贵、知性而冷酷；暖白色如白银等，则显得亲切、和善。（图3-144）

图3-142

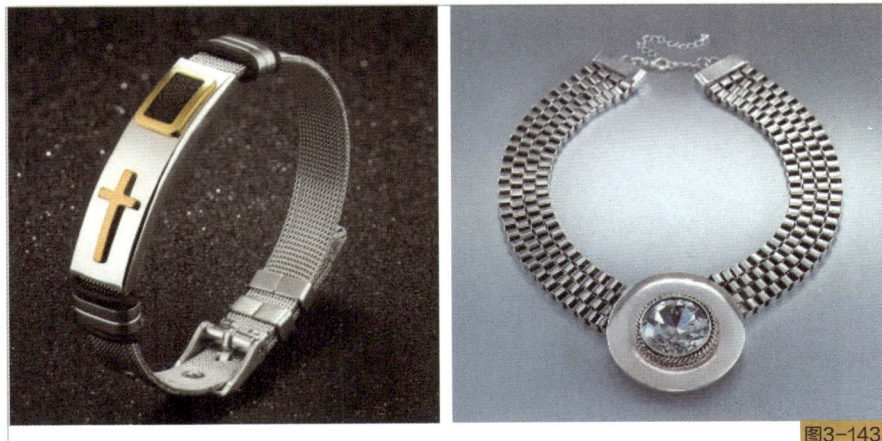
图3-143

图3-144

图3-142
黑色首饰

图3-143
灰色首饰

图3-144
白色首饰

蓝色：是灵性、知性兼具的色彩，在色彩心理学的测试中发现几乎没有人不喜欢蓝色。明亮的海蓝宝石，象征希望、理想、独立；纯正的蓝宝石，意味着坚定与智慧。蓝色象征权威、保守、专业、务实。蓝色首饰适合具有执行力的专业人士。（图3-145）

绿色：最接近自然的颜色，给人安全感、亲近感。黄绿色给人清新、有活力、快乐的感受；明度较低的草绿、墨绿、橄榄绿则给人沉稳、知性的印象。很多珠宝首饰如翡翠、玉髓、祖母绿等都是绿色，适合任何社交场合佩戴。（图3-146）

红色：首饰常用珠宝之一，红色是表现自我、传达自信的色彩，象征热情、性感、主动、喜悦。在中国是表现喜庆的专用色。红色珠宝很多，红宝石、石榴石、红玛瑙、红珊瑚……数不胜数。当你想要在大型场合中展现热情自信的时候，可以佩戴红色首饰，能提升个人魅力。（图3-147）

图3-145

图3-146

图3-145
蓝色首饰

图3-146
绿色首饰

图3-147
红色首饰

图3-147

粉红色：基本属于女性的专用色，象征温柔、甜美、浪漫、没有压力，可以软化攻击、安抚浮躁。比粉红色更深一点的桃红色则象征着女性化的热情，比起粉红色的浪漫，桃红色是更为洒脱、大方的色彩。粉红色的珠宝首饰适合轻松愉快的场合佩戴，比如家庭聚会、私人晚宴等。粉色的珠宝有粉钻、粉红蓝宝石、粉色托帕石等。（图3-148）

黄色：是公认贵金属的代表色，黄金的本色，明度极高的颜色，象征信心、聪明、财富及尊贵。黄色在中国明清时期是皇室专用色。黄色的珠宝有黄水晶、黄钻等。黄色首饰适合欢快的场合佩戴。（图3-149）

橙色：体现关爱的色彩，给人亲切、坦率、开朗、健康的感觉，使人感到舒适、安心。橙色的珠宝有琥珀、欧泊、橙色蓝宝石等，特别适合需要体现阳光般的温情的场合佩戴。（图3-150）

图3-148
粉红色首饰

图3-149
黄色首饰

图3-150
橙色首饰

图3-148

图3-149

图3-150

棕色系：包括褐色、咖啡色，典雅中蕴含安定、沉静、平和、亲切的色彩，给人情绪稳定、容易相处的感觉。棕色的珠宝包括棕色水晶、棕色钻石、棕色琥珀、棕色玛瑙等。在需要表现友善亲切的场合，可以佩戴棕褐、咖啡色系的首饰。（图3-151）

紫色系：优雅、浪漫，并且具有哲学家气质。紫色的光波最短，在自然界中较少见到，所以被引申为象征高贵的色彩。淡紫色的浪漫，不同于小女孩式的粉红，而是像隔着一层薄纱，带有高贵、神秘、高不可攀的感觉；而深紫色、艳紫色则是魅力十足、有点狂野又难以探测的华丽浪漫。紫色的珠宝有紫水晶、紫色钻石、紫色翡翠、紫色珍珠等。（图3-152）

图3-151 棕色系首饰

图3-152 紫色系首饰